揭秘太阳系

米云坡　著

DIXIE W PUBLISHING CORPORATION U.S.A.

美国南方出版社

责任编辑：张　见
版面设计：张晓道

Published by
Dixie W Publishing Corporation
Montgomery, Alabama, U.S.A.
http://www.dixiewpublishing.com

本书由美国南方出版社出版
▪ 版权所有　侵权必究 ▪
2021 年 12 月 DWPC 第一版

开本：229mm x 152mm
字数：126 千字

Library of Congress Preassigned Control Number: 2021950694
美国国会图书馆预编目号码：2021950694

国际标准书号 ISBN-13: 978-1-68372-404-9

作者简介

　　作者米云坡，建筑师职称。出生于 1965 年。祖籍河北保定。作者兴趣广泛，对自然科学多有涉猎，尤其对天文、地理科学进行了深入的学习研究。为了一探地球及宇宙的奥秘，他阅读了大量中外文献著作，足迹遍布世界各地。为了研究某个土壤问题，他甚至孤身前往无人区考察。由于他毕生的不懈努力，各方面都取得了可喜的成就，曾在多家刊物发表科普文章及阐述自己独到的科学见解。

内容简介

《揭秘太阳系》探索了宇宙中最重要的事件——太阳的起源。科学家们正在建立一幅日益清晰的画面，用以描述物质以及时空形成之后发生的所有事件。《宇宙揭秘》着重介绍了宇宙起源的各方面知识，还为我们呈现了继大爆炸理论之后太阳系运动成因理论、地球运动成因理论、银河系运动成因理论等多重新锐的太阳理论，是我们理解和认识太阳的重要参考。

《揭秘太阳系》作者运用直观体验和实地勘测手法，远赴世界各地，探索地球如何运转。逐一介绍塑造地球并维持生命的力量：天体碰撞、火山、大气层、海洋和冰川。著名科普作家米云坡用独特的超时空思维和最新的科学发现，讲述关于地球的诞生、生命和未来的史诗现象。来自地球"孪生兄弟"的撞击如何形成了今天的月球？地球又是如何从长达几百万年的冰冻期活过来的？地球是如何升温的？地核又是如何发挥它的"热动机"作用的？火星又是如何挽救了地球？地球能够维持复杂的生命，得益于大量的幸运与巧合。经历了45亿年来自"地心的搅动"和"太空撞击"，经过漫长的演变才成为一颗生机勃勃的蓝色星球。但如今，在21世纪初，地球正面临着由人类活动带来的新威胁：资源消耗殆尽，珍稀物种灭绝，污染日益严重。虽然科学家们预测，在未来的某一天，地球上的生命会随着太阳的急剧升温和膨胀而消亡，但人类的某些行为是否加快了这一进程呢？

第二个重点主要讲述大自然中令人难以置信的故事，探寻那些海洋里、陆地上或飞上天空的动植物的生活，及其超凡的生存繁衍策略，用生动有趣的故事，呈现地球生命的多样性和独创性。地球上的千万种动植物，每个物种都注定为了生存而奋斗一生。万物皆有灵，生命的魅力在于生生不息，通过几千年的变化让自己去适应自然。本书将带你跟随地球上生命力顽强且富有创造力的动植物，一同体验非凡的生命历程。

人类的未来命运如何，最终取决于我们自己。现在是回顾非凡的生命历程、给地球进行一次全面体检的最佳时机。

目　录

前　言

　　看到出名的天体物理学的科学家们大多是外国人，而我作为一名在美的华人，由衷地感到不公平。30 余年来，我一直致力于研究宇宙现象之变化，地球运动的变化，同时一直对外国专家们提出的某些论调持有怀疑的态度。为了论证这一事实，其过程是艰辛的，但是为了真相，我觉得一切都是值得的。主要原因是我认为他们的观点都是不完全正确的、有时候是前言不搭后语的外国论调。引力论的盲人摸象的说法，引力说说不通相对出来又补充，更主要是那些理论的观点与事实不符。针对这些，我才不得不谈谈我对大自然以及地球和整个宇宙的一些看法和认知，这些观点都是通过我长达 30 年的观察和实验进而分析得出的结论，从而给读者一些参考。如有不足请指正。未来我将继续用我毕生的心血继续探索地球和宇宙的奥秘。

　　古人类主宰着地球，由于我们是有别于植物的智慧物种，可以用我们本人的智慧改造地球，让地球变得更适合人类居住。我们就是地球真正的主人。事实上，更精确的说法是，我们人类是后来者，人类在地球上生活也不过区区百万年工夫，还有最陈旧的生命在地球上也繁衍存在了数十亿年，人类的呈现在地球生命史上就是短短的一霎时。人类太微小了，不要说人类，连地球，太阳甚至银河系都是浩瀚宇宙的九牛一毛。自从宇宙降生以来，它就在大自然的规律下不时地演化发展，有着自身的一套物理定律。而人类的出现让我们一步步发现了深藏着的大自然规律，揭露宇宙的实质。

第一章　银河系的运动成因

如果说宇宙空间里只有一个银河系，那么银河系就是我们所说的宇宙，如果宇宙的空间里有两个或者两个以上与银河系类似的星系，那么宇宙就包括所有的类似银河系的星系。所以要认识整个宇宙，首先认识银河系。银河系是双星联合，太阳受两星之力运动，冥王星就是双星联合的相互作用着运动的，卡戎也是有陨石坑没有陨石的，冥王星应该有陨石坑，但是他它却没有。

银河系是太阳系所在的星系，属于棒旋星系，包括1000-4000亿颗恒星和大量的星团、星云，还有各种类型的星际气体和星际尘埃，银河系中众多繁星的光形成了银河，成为环绕夜空的外形不规则的发光带，这条星光带大体上位于银盘平面上。银河系是星系类型中的漩涡星系一类的典型。它的核心周围是一个巨大的中央核球。今天我们就来科普一下银河系的运动成因。

在宇宙中高速运行具有星系核的星系，当它追击到另一个具有星系核的星系时，如果两者的运行速度相近，就会相互吞噬，形成一个更大的星系。倘若这两个星系核相遇，就会相互绕转而形成一个质量更大的高速旋转的星系核。银河系的起初是混沌状态，各个球体相互碰撞、联合、聚集、快速形成的那些大的球体就成为了银河系的中心。银河系有两个银心，就像是一条太极鱼，两个鱼眼有一个共同的心，每个银心都有自己的恒星团，两个银河心相互作用，所以才会有多条旋臂。它的核心周围是一个巨大的中央核球，并有缠绕着它的旋臂，这些弯曲的旋臂使银河系的外形看上去又像是一个庞大的车轮。

太阳系运动是太阳的北极在前南极在后，行星们绕行太阳转，行星们一时在太阳与银河心中间，一时在银河系的上面一时在银河系的下面，再一时在银河心和太阳的射线上，有时在银河心和太阳中间有时又在银河心与太阳的外一侧。行星们平行运动在太阳的赤道面上，太阳系在银河系里可不是运行在银河面上，太阳系的运动是与银河面做切断，也就是垂直的太阳前进是有两个外力作用着，前进是一个银河心，自转是另一个银河心，行星运动就是一个太阳力，太阳运动不是一个银心力，是两个银心力。

银河系自成一派，所以多亿年后可能会与其它星系相撞，是两个银心相互作用着运动的，他们是一个伴侣星体，这个在研究太阳系的时候就有证据，双星相伴。银心也是有自转的，也是有塌落与离心力，银心的光发出来被太阳接收，由于太阳太大它的北极受光射与南极的压力不等，所以造成了太阳北极在前南极在后的运动形式

银河系的运动规律与太阳系的运动规律是不一样的，因为银河系它是有两个中心，所以造成了太阳系与银河系的平面相切割。爱因斯坦说光速不变，但是事实真的是这样吗？光是太阳发出的，太阳要是再大一倍呢光速会大吗？太阳像地球一样了呢？光速还会是30万公里每秒吗？所以这种种问题反面推理就会得出一个结论。所以它的光速不变错了，其他都是会有问题的。包括银河系内的其他恒星也是按照太阳的光速算它们的光速，宇宙的大小

也是按照太阳的光速算的这些都是错误的，假如按照这个推理宇宙的直径按照太阳光速算的 930 亿光年，其他的恒星光速度快或者慢又该是什么样的呢？

原子弹爆炸也会有个起点，恒星发光就是恒星太大，出现星体质量塌落，太阳系内的所有星体加一起也没有占到太阳的百分之二，看看太阳有多大，比太阳大的恒星多的是，但不会按照太阳光速来发光，光速与恒星的塌落度是有关的塌落度再快呢？塌落度有限度？

在银河系中央核心的周围，主要由类似太阳系的星系、恒星为主体，其次还存在黑洞、游星、彗星以及看不见观察不到的暗物质、微粒子物质等。银河系周围的天体星系、黑洞、行星在相互作用力的作用下，他们都是独立的，以小集体的形态在银河系里围绕银河系中心有规律的排列运动。当然星系里还有较小的天体，主要以气体或者液体为质量主体，分子量相对较小的比如彗星，由于自身相对能量较大，它在星系本身是有规律运动的，但是当收到临近星系的作用力下，它会从这一星系里跑到另外一个星系里。

任何物质都有它本身的体积，所以银河系的各种组成基因收缩到一定以后就停止收缩，相反，停止收缩的运动基因也不会因此静止下来，又开始膨胀起来，周而复始的在太空中无限循环。

一、星星的集团 - 星云

星云是由尘埃，氢，氦和其他电离气体构成的星际云。最初，星云的定义是任何弥散天体的总称，包括银河系以外的星系。例如，仙女座星系曾被称为是仙女座星云（以及螺旋星系，一般称为"螺旋星云"）。

大多数星云都是非常庞大的，有些星云的直径可以达到数百光年。猎户座星云是天空中最为明亮的星云，它占据了满月直径两倍的区域，可以用肉眼直接在地球上看见它，不过遗憾的是早期天文学家却没有看见它。尽管星云的密度比周围的空间要大，但大多数星云的密度远低于地球上产生的真空——一个像地球一样大小的星云的总质量只有几千克。许多星云由于内嵌的热恒星所产生的光芒而使得地球上的人类可见，而其他星云则非常弥漫，只能通过长时间的曝光和特殊的过滤器才能探测到。有些星云是由金牛 T 变星照亮的。星云通常是恒星诞生的区域，在这些区域中，气体、尘埃和其他物质会 "聚集" 在一起并形成更密集的区域，这些区域会吸引更多的物质，并最终变得足够密集以形成恒星。剩下的物质被认为会形成行星和其他行星系天体。星云有多种形成机制。有些星云是由星际介质中的气体形成的，而另一些则是由恒星产生的。前者的例子是一种庞大而宽广的分子云，并且它在星际气体中需要处于最冷、最密集的相位，可以通过更多扩散气体的冷却和冷凝而形成。后一种情况的例子是行星状星云，它是由恒星在其演化后期 "吹出" 的物质形成的。

恒星形成区域是一类与巨大分子云相关的发射星云。这些形式的分子云在自身重量的作用下崩塌，并开始形成原恒星。大质量恒星有可能是在其中心形成的，它们的紫外线辐射会将周围的气体电离，使得它们可见于光学波长下。围绕大质量恒星的电离氢区域被称为 H II 区域，而围绕 H II 区域的中性氢壳层被称为光解离区域（或光子控制区域，或 PDRs）。目前观测到的恒星形成区域的例子是猎户座大星云（M42）、玫瑰星云和欧米茄星云（M17）。来自恒星形成的反馈，如大质量恒星的超新星爆炸、恒星风或大质量恒星的紫外线辐射，或者来自小质量恒星的流出，可能会破坏星云，甚至在数百万年后摧毁整个星云的结构。然而其他星云则是超新星爆炸的结果，这是大多数短暂生命恒星的死亡结果。从超新星爆炸中释放出来的物质随后会被其能量和核心产生的致密物体所电离。其中一个最好的例子是金牛座的蟹状星云。这一超新星事件被记录在公元 1054 年，并将其标记为 SN 1054。爆炸后产生的致密物体位于蟹状星云的中心，现在它的核是一颗中子星。还有其他星云也会形成行星状星云。这些都是低质量恒星生命的最后阶段，就像太阳一样。当恒星质量高达 8-10 倍太阳质量的时候，恒星就会演变成红巨星，并在其大气脉动期间慢慢失去其外层。当一颗恒星失去了足够的物质（质量）时，它的温度就会升高，它所发出的紫外线辐射会电离周围它所抛弃的星云。 太阳以后的命运也是如此，太阳在接近其生命的最后阶段时，就会产生一个行星状星云，最后太阳将变为一颗白矮星，亮度和温度都将慢慢变弱，直到消失在宇宙中。

星云可以说是群星的归宿，当你仰望苍穹的时候，可曾想过这些仿佛亘古既有的星辰来自何方、终于何处？星云，在我们已知的宇宙里，所有的星辰都来自它，也大多终于它。早在古典时代，夜空被灯光遮蔽之前，人类就观察到了这些飘渺的存在，但是直到最近一个多世纪，我们才大致明白星云是什么：是弥漫在星际之间的气体和尘埃，氢和氦是它们最主要的成分。传统上，星云按照形态区分成弥漫星云、行星状星云和超新星遗迹这几类。其中，弥漫星云笼统地包含了那些没有明显边界的星云，例如猎户座的火焰星云（NGC 2024），直径 6 光年左右；天蝎座的猫爪星云（NGC 6334），直径 40 光年左右，人马座的礁湖星云（NGC 6523），直径 140 光年左右，不胜枚举。它们如烟如雾，在天文摄影不同的滤镜和着色下展现出梦幻且神秘的色彩。行星状星云要明确得多，它们是中等质量恒星演化至老年，在红巨星阶段向外膨胀出的壳状大气，直径数光年，并且受到内部残骸的激发而发出明亮鲜艳的光。由于相似的演化历程，它们的结构往往很类似，内部通透，外层明亮，中心对称，犹如一颗行星，但最终会瓦解成弥漫星云，将恒星未利用的和新制造的元素还给星际。特别的，在红巨星演化成行星状星云之前，还会经历一个喷发阶段，被糟糕地称作"原行星云"。由于大量物质从恒星两极释放出来，常常呈现出独特的 X 形。超新星遗迹是行星状星云的增强版，当一个大质量恒星在演化晚期以超新星形式爆发的时候，留下的残骸就是超新星遗迹，比如节目中多次露面的"蟹状星云"——它们常有斑斓的湍流结构，核心的中子星会成为强劲的辐射源，比如仙后座 A 是银河系内最年轻的超新星遗迹，距离地球 1.1 万光年之远，却是天空中除太阳以外最强的射电源。但是除了大质量的恒星，白矮星也可能吞噬伴星然后爆发成超新星，这样的超新星遗迹大多呈现出明显的壳层状，外层来自白矮星形成时的爆发，内层来自超新星的爆发，没有致密的辐射核心，第谷超新星（SN 1572）是最典型的案例——但无论哪种超新星遗迹，最后都会流散成弥漫星云，将大量金属元素播撒在宇宙中。同时，一些超大质量恒星在超新星爆发之前会进入一个极度明亮并大量抛射物质的阶段，这些喷出的物质会笼罩在恒星周围，并逐渐被恒星吹大，形成一个气泡状的星云，称为沃尔夫－拉叶星云。我们已经认识了这样多的星云，但糟糕的是，星云在不同的领域有不同的分类方式，比如在天文爱好者的观测中，星云更常按照发光方式分为发射星云、反射星云和暗星云。其中发射星云是因为高温或者激发而发出可见光的星云，可能是传统分类中的任何一种星云；反射星云和暗星云都是不能发出可见光的星云，区别就在于前者因为反射了周围的星光而被我们看到，后者则是遮挡了星光才被我们看到。它们大多是温度较低的弥漫星云，总是相伴出现，并与发射星云混合起来，构成一些恢弘的场面，除了猎户座大星云与附近的马头星云，船底座大星云中的上帝手指也是著名的例子。然而在天体物理中，我们用气体的温度、密度、电离程度等区分它们，最常见的称谓比如分子云、中性氢区即 H I 区、电离氢区即 H II 区，涵盖了更大尺度的结构，比如整个猎户座都被猎户座分子云覆盖，它涵盖数百光年的空间，有几十万个太阳那么重，占据了夜空 4% 以上——猎户座大星云只是猎户座分子云在猎户两腿之间的一小部分。这样巨大的结构会在引力下收缩加热，或者被恒星加热，氢分子解体成氢原子，就是中性氢区，我们常在星系合并时的潮汐结构中观察到它们。而在更高的温度下，氢原子变成氢离子，就是电离氢区，所有的发射星云都可能是电离氢区，它们是恒星的摇篮，又在创生之柱这样的阴暗结构中爆发出新的生命——但那就是另一个磅礴的故事了。

二、星系

  现在通常的观点是人为暴涨过程中的原初扰动经过演化越来越大带来了星系形成，其中原初扰动的密度不均匀性可以通过微波背景辐射的四极矩体现。热暗物质指的是中微子这种退耦时仍然保持较大温度的物质，粒子物理研究（例如中微子震荡）发现中微子是具有一个微小的质量的，但由于中微子数量很多，会贡献相当大一部分的质量。冷暗物质指的是质量很大，但是含量很少的那一部分物质，目前的研究还没有能够确切的指出其到底是什么。这两个 model 由于退耦时粒子的速度不同，会影响 Landau 阻尼，朗道阻尼的不同决定了这两个模型在星系形成过程中的图像是不同的。

  在热暗物质模型中，结团在大尺度下发生，是先形成超星系团的物质，然后逐级破裂形成星系。在冷暗物质模型中，结团是由小到大发生，先形成星系，然后逐级并合，形成越来越大的结构。目前，热暗物质在大尺度下和巡天观测得到的结果很一致，但在星系尺度下并不一致。而冷暗物质模型，在小尺度如星系尺度下符合的非常好，而在大尺度下不一致。

  那么星系是又如何运动的呢？星系之间也还会由于引力而运动，形成各种尺度的结构。最小的尺度：星系群和星系团尺度，这里面星系受到相互引力束缚，最终都会合并成团。具体到银河系，那就是就是本星系群内的欢快的合体，银河系和大小麦哲伦云早就开始合并了，事实上，大小麦云的气体正不断的被银河系引力所牵引，形成了麦哲伦星流，落入银河中。

三、星系物质和星云

　　问题总是多于答案，尤其是关于宇宙。我必须说，在很少接触天文学的人中，有时会出现一种误解，即：认为星系和星云是同一个东西。这个观点的根源来自于这样一个事实：离我们最近的星系之一被称为仙女座星云，这就是为什么人们认为星系和星云是可以互换的原因。事实并不总是这样。仙女座大星系也被称为仙女座大星云，这一事实是有其历史根源的。由于仙女座星系是我们唯一能用肉眼可见的大型星系，所以它首先被我们发现。但是，当天文学家首次对它进行研究时，它被划分为星云。为什么呢？第一，因为"星系"的概念根本就不存在；其次，在 19 世纪，通过望远镜看到的仙女座星云和其他星云并没有什么不同。星云是一个巨大的电离气体和尘埃云。同时，有三种类型的星云。

　　首先，星云可能是超新星爆发后所留下的残余物。当一颗大质量恒星的"燃料"被消耗殆尽时，也就是说，不能维持其热核反应时，那么恒星就会爆炸成超新星。在爆炸之后，要么变成一颗中子星，要么变成一个黑洞（当然恒星的质量需足够大）。在恒星周围，散布着大量的气体，这些气体曾经构成了恒星的上层部分。如此一来，这些气体就会形成星云。

　　其次，就是所谓的行星状星云，它们也是由垂死的巨型恒星形成的。然而，这些恒星不会变成超新星，因为它们没有足够的质量，当它们耗尽燃料来维持热核反应时，恒星的上层物质就会掉落，但它仍然是一个非常密集且非常小的白矮星，它所散射的气体会形成行星状星云。这种类型的星云之所以取这样的名字，是因为 19 世纪发现的第一颗行星状星云在外观上与行星非常相似。与普通星云不同，行星状星云的规模更小些，以及它们的膨胀率也低于普通星云的膨胀率。

此外，星云也可以在恒星诞生的地方被观测到。恒星是由星际气体云和尘埃在自身引力作用下坍缩而成的。第三种星云，我们称为鹰状星云。这种星云有一个最著名的片段，它被称为"创造之柱"。通过观察上面这种图片，其中明亮的蓝色部分表明了那里正是新恒星诞生的地方。

什么是星系？从广义上讲，星系是指无数的恒星系（包括恒星的自体）、尘埃（如星云等）组成的运行系统，它们围绕着一个共同质心旋转。一个星系可以包含许多星云，既包括恒星爆炸后所留下的残留物，也包括恒星所形成的区域。最著名的星系无疑就是我们自己的星系，即：银河系。根据星系的组成方式，于是就有许多不同类型的星系。最常见的星系就是螺旋星系，这种星系对我们来说并不陌生。此外，还有环形、椭圆形等星系。

星系与星系之间到底有没有物质存在？星系际空间是一个星系中的物理空间，对应的星际物质是该恒星与星系之间的物质。该区域定义为每颗恒星附近所包围的等离子体已经不再受到恒星的影响。这一空间区域中大约 70% 的星际介质主要由单氢原子组成，其余大部分物质则是由氦原子组成。这里富含恒星核合成过程中形成的微量重原子。在经典的行星状星云形成过程中，当演化的恒星开始脱离外层时，这些原子会被恒星风喷射到星际介质中去。超新星的灾难性爆炸会产生一种膨胀的激波，激波主要由喷出的物质组成，这些物质会进一步丰富（填充）星际介质。在星际介质中物质的密度变化是相当大的。

这里我们所说的是星系际空间，需要和上文的星际空间区分开来。星系际空间指的就是星系之间的物理空间，这一区域非常接近于真空状态，但也有物质存在，因而并非完全的真空。对星系大尺度分布的研究表明，宇宙中的一部分空间区域有着类似泡沫状的结构，星系团和星系群沿着占据总空间约十分之一的丝状结构排列（这被称为宇宙纤维状结构）。其余的部分区域都形成了巨大的空洞，这些区域大部分都是没有星系的。围绕着星系并延伸到星系之间，有一层稀薄的等离子体，它们拥有着星系丝状结构的组织（这就是宇宙大尺度纤维状结构），它们主要由被电离化的氢组成，即由等量的电子和质子组成的等离子体。当气体从空洞中落入星系际介质时，它的温度会被加热，这样的温度足以让原子间的碰撞能量使束缚在原子中的电子从氢原子核中逃逸出去；这就是星系际介质被电离的原因。当气体从 WHIM 的纤维结构落到星系团的宇宙纤维结构的界面时，它的温度会升得更高，甚至被加热到更高。

星系际尘埃即星系与星系之间的宇宙尘埃，也就是说星系与星系之间存在宇宙尘，并非完全真空。

四、银河系的演化

我们所在的地球，包括太阳系都处于银河系之中，可以说银河系才是太阳系的母体，已有的研究证明，地球大致形成于 46 亿年前，太阳大约形成于 50 亿年前，那么作为母体的银河系又形成于什么时候呢？又是怎么形成的呢？银河系形成于宇宙之初，由一个大质量黑洞及其携带的一片星云形成了最原始的银河系核心，星云中渐渐生成了一些恒星，出现了银河系最初的雏形，在引力作用下，周边的星系也开始融入银河系，使得银河系的规模逐渐庞大，演变成了今天的模样。

人类甚至连太阳系也没有弄清楚，现在发现太阳系许多行星和卫星上面都有水，而且比地球水储量大很多的星球比比皆是，但这些星球有没有生命，即使最原始的生命呢？还不知道。太阳系的老大当然是太阳，占有整个太阳系质量的 99.86%。太阳系已知有八大行星，5 颗矮行星，180 多颗卫星，还有无数的小行星和彗星、尘埃，这些加起来只占有太阳系质量的 0.14%，地球质量占太阳系的 0.0003%。太阳系的引力影响范围半径有 1 光年，人类的飞行器要飞出这个范围需要 17000 多年。距离我们最近的恒星有 4.22 光年，目前人类已经飞得最远的旅行者 1 号飞到哪里需要 7 万多年。而我们的太阳系只是银河系里一颗普通的恒星，叫黄矮星，寿命约有 100 亿年，现在已经有 50 亿岁了。太阳带者它的子子孙孙以每秒约 250 公里的速度，围绕着银河系公转，一圈下来约需要 2.5 亿年。我们太阳是银河系中一颗普通的恒星，坐落在银河系一个叫猎户臂的支旋臂上，距离银河系中心约 3 万光年。银河系是一个棒旋星系，直径有 20 万光年，有恒星 2000 亿~4000 亿颗，我们的本星系群就在这个本超星系团的稍边缘位置，围绕着室女座星系团质心公转，转一圈约需要 1000 亿年。银河系也在其中跟着旋转，但只要过 30~40 亿年，就会与仙女座星系合并成一个椭圆星系了。科学界预计，未来整个本星系群都会合并成一个大星系。在宇宙中，已经发现了几十个超星系团，发现了1200亿个以上的星系，这些只是可视宇宙中的一小部分。据估计，可视范围930亿光年直径的宇宙中，有星系数万亿到10万亿个。而且宇宙中这些可见部分只占整个质量的4.9%，95.1%的是不可见的暗物质、暗能量，这些是个什么性质的玩意，现在还不知道。除此之外，宇宙还有不可见部分，这个部分有多大，是什么样子，人类现在无法认知。

我们来形象比喻一下，在地球上有浩瀚的大海和广阔的沙漠，银河系在宇宙中就像沙漠里的一粒沙或大海里的一滴水。而太阳系呢，在这滴水里连一个电子也算不上。从几百年前的伽利略，牛顿，到上世纪的爱因斯坦，有数伟大的迷信家们不时地率领人类认知世界的实质。但现实上，不论我们人类发现与否，那些大自然的规律都是存在的，说白了是不以人类的意志而转移的。举个复杂浅显的例子，在我们早晨睡着之后（很多人把这种形态描述爲另类的"死亡"），里面的世界仍在运转，也就是说，我们的存在与否大自然丝毫不在乎。说白了，即便人类不断存在，我们仍很难弄清楚宇宙存在究竟有什麼意义，深究这个成绩的答案很容易让我们走进死胡同，上升到哲学甚至神学的范畴。宇宙存在的意义更多的时分只是人类强加给本人的一种概念，或许宇宙存在自身就是没有任何意义，它就是存在着，很复杂也很单纯，不论人类存不存在，它不断都在那里，直到永远！

第二章　太阳系的运动成因

大家都知道太阳系是平面的，太阳扭曲了空间，咋就不说太阳系的上下咋不被扭曲，况且彗星是从远方的直飞过来的怎么的被扭曲？引力论、相对论他们都是盲人摸象的错误论调，引力论看到了苹果落地就说地有引力，后来相对论看到引力说不通了就又找个扭曲出来弥补漏洞，其实都是胡说论，时间和空间本身就是两个不同的概念，牛头不对马嘴。

近期燕山大学教授说相对论也是不对的，相对论不能解释太阳为什么会是平面的不能解释球体为什么会有斜运动，不能解释金星为什么会倒转，水星与月亮为什么是一样运动和一样的陨石坑，地球为什么就一个卫星却木星很大，为什么会有那么多卫星，为什么会有那么大，所以错误的地方很多。

太阳有引力，地球有引力，月球被地球吸引月球围绕地球转是一面对地球，地球被太阳吸引为什么不是一面对太阳呢，因为月球是被地球的气力扇着转动的，而地球围绕太阳转是地球自身的气压动着自己转动的，总有人文，地球倾斜，为什么会这样。地球为什么会是倾斜的，地球总是向着太阳运动的，地球的倾斜前方才是太阳，地球不倾斜地球就会跟不上太阳。

地球的运动是两种力在作用它，自转力与公转力，那么是公转力带动了自转力还是自转力带动了公转力呢，天王星为什么会是躺倒着转很简单，因为它距离太阳太远了，它躺倒着转时的前方才会是太阳，冥王星的倾斜度大也是这个道理，行星有倾斜都是同一个道理，倾斜的前方才是太阳。水星有运动，月亮也有运动，科学家们不说他有，是因为用那些论说不清楚，所以就不用说，就像把冥王星拿掉一样压下去不提不说也不论。

一、太阳系的起源演化

太阳系是平面的大家都知道，为什么太阳是圆的太阳系却是平面的呢，那是因为行星运动靠的是大气压动的，太阳赤道发光使行星赤道的大气多于两极的大气压力，这就形成了行星跟着太阳赤道运动形成了平面，太阳的南北极没有光照发出，所以太阳的南北极没有行星运动在太阳上下。

太阳系内还有不规则卫星，大家都不知道，为什么不知道，是因为外国专家们不提它，提它就会打脸很多之前的理论了。因为那些论不能解释他们的运动规律，他们是斜运动，切还是躺着行。

都知道太阳会发光，生活光速度不可超越，这些其实都是盲人说象的理论，太阳扩大一倍光速变化加大，太阳缩小一倍光速变小，太阳和地球一般都不会发光，只是有个火山喷发。

科学家们不想让人们知道的一些天体物体小行星带因为用他们那些论都说不通，其次不规则卫星有人听都没听过，太阳系还有不规则卫星，三冥王星被删掉了大家都是知道的了，四水星运动进行倒转，月球很大，天王星躺着转，冥王星远近距离用相对论解释更是说不通。

什么是惯性力，惯性力就是在有气压的环境中，物体走过后其后方出现的真空被周围的气体所回填回来的气产生的空气流动力，这就是惯性力的起因。科学家们经常讲惯性力，今天说说惯性力，惯性力是有，但是在宇宙中是没有的，物力老师说的在惯性参考系下，在地球是可以的，而在太空是不对的，老师们教授们都不知道惯性力的形成与来源，惯性力就是空气流动力，在太空没有大气压的的环境中就不存在惯性力了。

一切事物的存在运动和发展变化，都是有规律的。至于偶然事件，那是由于我们没有认识到它的规律性以及其与它事物的联系性，因而以为该事件的发生是偶然的。天体的成因及其运行，更非偶然事件，而是物质物体运动发展变化的必然性，不过天体的成因及其运动和发展变化规律的周期性非常遥远罢了。至于太阳系的成因，作任何偶然性的设想，都是徒劳无益的，而只能从太阳系内部、太阳与行星之间的联系中去探索和证明。

二十世纪以来，人们的天文学知识越来越丰富，并且认识到在广阔的宇宙中，发生恒星相遇情况的可能性极小，五十年代以后，又提出了许多新的假说，这些学说大部分都是以星云假说为基础的学说。八十年代后期，科学家们对太阳系是否是平面有一个倾向性的认识，我们将这个倾向性的认识合理地细分为若干个演化阶段，加上深入地分析，就能很清楚的认识到平面太阳系运动的成因。

太阳系一开始并不是平面的。球体起初都是无规则运动是后来通过磨合成了现在的平面，任何天体都存在反引力，我们从天文观察可以看到，地球会喷发火山，恒星会喷发物质，星系核会喷射大量的物质，甚至喷出一个小星系的物质。

地球内部有高温，高温是在塌落区才有的，在没有离心力的地方是没有高温的，高温是自转力造成的。因此随着现代天文科学的发展，正在日益否定着一系列的星云假说，且已为我们重新认识平面太阳系的成因及其运行规律，以深刻的起发和足够的证据。

真理是相对的。只有不断被验证的真理而没有绝对的真理，越来越多的科学实验证明。太阳系平面运动的成因与公转没有任何关系。由于太阳质量大太阳自传产生了赤道物质塌落，塌落的物质喷出来就是太阳的光子，南北极是没有光子喷发的，行星运动是靠光热运行的，是光热造成的平面，而太阳的光热是太阳自传产生离心力从而导致了太阳内部塌落，塌落物质使太阳内部物质喷出来产生光子，太阳光子在赤道上运行，这就是产生了平面太阳系。因为南北极是原地转没有离心力，没有落差没有物质喷出来这就是南北极为什么没有行星运动的根源。

太阳的自转是有原因的，太阳在绕行过程中有相当一部分时间是在逐渐靠近银心的，直至到达太阳与银心的最短距离，那个时候的停留点就是相对于太阳以及太阳系的近银点。因为太阳的体积太大从而受到了银心的物质力作用；由于太阳的北极和地球的北极都属于在前，因此北极和地球都是无法收到银心力的；在南极几乎是被冰川覆盖，所以南极是要比北极寒冷的。比较著名的一个由地球自转而引起的案例就是疫情期间，武汉突然开工导致地球自转加快，因为武汉开工后的那几天热度上升改变了地球气体分布，造成地球温度升高。

平面太阳系运动形成的原因大概有以下几点：

[1] 太阳热都是在太阳赤道区域喷出的，而行星运动是靠太阳热运动的，所以太阳系是平的，也就是说行星是运行在太阳的赤道热点区域内，太阳热是太阳的塌落喷发而出的，太阳南北极是没有塌落喷发的。

[2] 太阳是有自转的，太阳的南北极没有喷射热，所以太阳的上下极没有光热发出，光热喷发都在赤道区域，行星们运动都是靠光热驱动的，光热喷发是太阳自转产生的赤道内部塌落，南北极是原地转没有落差也就没有塌落，太阳的尺寸是比月球绕地球轨道圆还大 所以赤道的内部高度落差可想而知，光热是喷发的是太阳的离心力造成的；行星运动都是靠太阳热运动，卫星都是靠气运动。

[3] 光热是摩擦起的电是粒子，喷出的粒子速度是非常大的，每个粒子不相交是没有光和热的 所以粒子光在空中会走的很远，光不是波是个光粒子在太阳内就形成了，是太阳转动产生的，光粒出太阳是离心力的塌落给出的力。

[4] 太阳面对银心的一面与背对银心的一面压力差不一样，因此太阳的质量的　大小才是太阳自传的根本原因，太阳没有了质量也就没有了自传。也就没有了赤道塌落物质，也就没有了光子。因此太阳光热是太阳自传所产生的。因此一切生命的起源才有了真正的开始。

二、太阳系成员及其相互作用

水星

太阳系三大行星之谜，水星为什么会像月球一样围绕太阳转，金星为什么不像其他行星一样的自西向东自传，而是自东向西倒自转，地球为什么只有一个卫星，而且还很大，地球的自传为什么不合金星一样倒转，谜一样的事揭开了就不难。

水星进动，月球也有进动不然的话日食月食都会是循环出现与发生的，水星的运动有一面对太阳以免对着地球，月球水星运动轨道就像是飞机绕地球直飞着。

水星的进动是水星被整体的被位移了，就是说太阳与水星近太阳力大，水星被吹的整体的飞动着前进的，水星到太阳有远近远就是被吹远的，近就是被冷气压着走近太阳的，假如有引力，引力会变吗？所以引力错，引力说是两物体的什么距离平方什么大小都是错误说，宇宙就一个大球怎样算引力，没有两者的距离咋算所以说是不正确的，水星与月球相似，都是因为不是自转而是被动着转的原因；对于大多数普通人来说，水星上有没有水这个问题是最吸引人的，简单直白好懂。但是，对于大多数资深的天文爱好者来说，信使号的另外一项使命更值得关注，那就是：探究水星的身世之谜，通俗点说，就是水星这颗星球到底是怎么形成的，在它形成的过程中都发生了一些什么样的大事件。

为了能够让你更好地理解信使号的任务和新发现，我要带你简要回顾一下水星身世谜题的历史，接下来，让我们进入"世界未解之谜"时间。

　　在金木水火土这五大行星中，绝大多数人的一生可能都没有看到过水星。这是因为水星是内太阳系距离太阳最近的一颗行星。或许你一下子还没反应过来，为啥距离太阳近就不容易被观测到。

　　外太阳系的行星因为在地球公转轨道的外侧，所以，他们都可以在晚上被我们看见。而内太阳系的两颗行星，金星和水星，它们永远不可能转到地球的背阳面去，它们一定是和太阳同升同落的。所以，想要看到它们，只能在黄昏和傍晚的时候，利用一点点的时间差看到它们。而距离太阳越近，与太阳同升同落的时间差就越小。水星离太阳非常近，因此，它只能在凌晨和傍晚的时候出现非常短暂的时间，稍不留意就错过了。

　　在人类历史上，有很长的一段时期，我们以为早上和晚上出现的水星是两颗不同的行星。在中西方的星象学中，水星倒是被重点照顾的对象，因为它相对来说最"神出鬼没"。

　　按理说，作为内太阳系的水星，距离地球是很近的，我们应该对水星有着较深的了解才对，然而事实却正好相反，在太阳系中，我们了解水平最低的行星就是水星了。在信使号到达水星之前，我们对水星的了解，甚至还不如距离最远的海王星多。

　　根据行星形成的经典理论，行星是尘埃云在万有引力的作用下逐渐坍缩形成的，那么理论上，大家的密度都应该差不多。假如经典理论是正确的，那么该如何解释水星明显偏高的密度呢？

　　关于天体磁场的产生，最主流的理论，就是行星发电机理论。这个理论要求行星内部必须存在一个持续旋转或者对流着的导电流体。地球的磁场，就来自于不断对流着的炽热的外核。但是，按照水星的体积来计算，水星的内核应该早就已经冷却了。而一个冷却凝固的行星，就应该像是一块大石头一样，是没理由产生磁场的。

唯一合理的解释，只能是水星的内核没有凝固，现在仍然处于熔融状态。但这个解释同样令科学家们感到费解，这么小的体积怎么几十亿年都不冷却呢？其实，想要确定一颗行星的地壳下面是否存在液态物质，有一个比较简单的测定方法，就是：测定水星自转的稳定性。

这是为什么呢？你可以自己回家做一个实验，分别转起一个生鸡蛋和熟鸡蛋。你会发现煮熟的鸡蛋会旋转得很快，而且转速均匀。而生鸡蛋因为受到里面蛋液的影响，旋转起来会比较困难，自转轴不稳，转速也不均匀。

所以，要想确定水星的内核到底是不是液态的，我们只要能精确测量水星的自转速度。如果它的自转速度是绝对均匀的，那么就可以认为水星是一个固体的石头球。反之，它的地壳下面，就一定藏着一些液态物质。毫无疑问水星确实是一颗"生鸡蛋"。水星必定拥有一个熔化或者部分熔化的内核。这个液态内核到底是如何形成的呢？水星的内核中很可能混合着一些类似于硫的轻元素。水星的核心中含有丰富的硫元素。

水星的绕日轨道似乎也说明水星并不是在原地形成的。水星的公转轨道是一个偏心率很高的椭圆。水星距离太阳最远的时候，距离是近日点的 1.5 倍。在水星形成初期，遭到过其他行星的撞击，把它的轨道给撞扁了。

水星上没有水的观点是错误的，水星上是有水的！水星的两极都有大量水冰。水星在中国之所以叫"水星"，并不是因为古人觉得水星上有水，就像"金星"的得名也不是因为上面有金矿。在我国古代，阴阳五行之说盛行，5 颗肉眼可观测到的行星，也就分别以金、木、水、火、土命名。在很长一段时间内，人们都觉得水星上绝对不会有水出现，无非两大原因：一是"近"，二是"小"。首先，我们知道，水星是离太阳最近的一颗行星，最近太阳最近时只有 4600 万千米，相当于地球公转轨道半径的三分之一。在太阳的照射下，水星上的白天温度极高，可以达到 430 摄氏度，就算有水也蒸没了。另一个原因在于，水星也是最小的一颗行星，所以它对气体分子的吸引力比不上地球。物质就能从水星逃走。因此，包括水蒸气在内，水星大气中的分子很容易就能逃到太空中，所以水星几乎没有大气层。

水星两极有不少坑坑洼洼的陨石坑，水星缺少温室气体的庇护，水星地表热量散失很快。在没有光照的夜间，最低温度低达零下 170℃。另一方面，由于水星的自转轴倾角非常小，只有 0.1 度，因此在水星的两极存在很多永久阴影区——相当于一年到头都是寒冷的黑夜。这里常年处在零下 170℃的极端寒冷环境中。在这种环境中，无论是彗星带来的水，还是自身内部逸出的水蒸气，都会瞬间凝结成冰。水星还有很多有机物。但是不可能是水星生命，很可能是受到陨石或者彗星的撞击而来。

水星没有卫星。无独有偶，太阳系八大行星中，金星也没有卫星。这只是意外或巧合吗？不是。事实上，作为太阳系内拥有 45 亿年以上漫长历史的成员，水星和金星根本就不可能拥有卫星，虽然它们很可能历史上曾经有过卫星，但只能是昙花一现，它们的卫星轨道必定是不稳定的，要么很快飞走了，要么不久之后就坠毁在行星上。

如果这个卫星是同步卫星，那么行星上的突起位置不会变化（或基本不变），因此这个突起也不会消耗能量和动量，不会对卫星的运行有任何影响。如果这个（顺行）卫星的轨道高于同步轨道，例如月球，那么它会转得比行星自转更慢，而行星上的突起因为始终是对着卫星的，因此这个突起在行星上的位置是沿着自转方向往后跑的，例如定义行星自转方向为自西向东，那么突起的位置就是在行星表面自东向西运动的，其效果相当于卫星的引力拖着行星上的一部分物质往后跑，这必将导致一种类似于摩擦力的阻力来阻碍其运动，这一方面会使行星的自转减速（自转角动量减小），即潮汐摩擦；同时这个力的反作用力会作用到卫星上，使卫星公转加速（公转角动量增加）——通过潮汐作用，行星将角动量转移到卫星上，卫星公转加速则使得卫星的轨道升高，逐渐远离行星。正是因为高轨道顺行卫星会逐渐远离行星，随着离行星越来越远，如果这个卫星的轨道低于同步轨道，那么它会转的比行星自转快，行星上的突起会沿着行星自转方向往前跑，这种潮汐摩擦将加速行星自转，同时其反作用力则使卫星公转减速，在反向的潮汐牵引作用下卫星轨道将越来越低。如果这个卫星是逆行卫星，其效果将相当于卫星拖着行星上一小块物质往后跑，这将使行星自转角动量减少，同时卫星公转角动量增加；如果定义行星自转角动量为正，那么逆行卫星的公转角动量就是负值，给一个负数加上一个正数，势必使其绝对值减小，因而卫星公转速度也会越来越慢，轨道越来越低。正是因为逆行卫星无论轨道高低，都会逐渐接近行星，综上所述，同步轨道是卫星所拥有的唯一的永久稳定轨道。高于同步轨道的顺行卫星，有远离行星从而逃逸的趋势；低于同步轨道的顺行卫星，以及所有的逆行卫星，都有轨道降低并坠毁在行星上的趋势。不过，当一个顺行卫星的轨道与同步轨道离得不太远的时候，虽然有上述的趋势，但效应非常微弱，通常可忽略不计，但离同步轨道太远的卫星，或者逆行卫星，这个效应就往往不能忽略了。同时，以上趋势，对于轨道低于同步轨道的卫星，比那些高于同步轨道的卫星表现得更明显：因为离行星越近，潮汐力也越大。

水星，在我们眼里，不再是一块冷冰冰的球形岩石，它有大气、有火山、有磁场、还有水冰。更重要的是，水星，等着我们继续抽丝剥茧，探寻它谜一样的身世。

火星

火星也是有高地说明地下有离心力，地上的裂缝也是离心力所为，所以，石头漏出来说明有风；火星，是难得的中西文化寓意较为统一的一颗行星。西方将它命名为"Mars"，来源于古罗马神话中的战神，象征着无秩序，以及战火。而在古代中国，则被命名为"荧惑"，是"荧荧火光，离离乱惑"之意，预示着残害贼杀、疾病、战争等灾难的发生。其实之所以如此，是因为自远古时期，人类就用肉眼观测火星，虽然是天空中颜色最红的一颗星，它的轨迹却有点不规律——它在某些月份会减慢速度，停下脚步，甚至向相反的方向运动，然后再折返回原来的方向继续行进。这种行为令人难以琢磨，因此与无秩序相联系。

虽然名为"火"星，实际上它是一颗正在冷却的行星，两极之冷甚至凝聚了二氧化碳形成的冰盖。火星位于地球和小行星带之间。小行星带是火星和木星之间的一个区域，大部分已知的小行星都在这里。散落的小行星之所以没有凝聚成一颗行星，是因为位于小行星带外侧的木星的形成是早于类地行星的——木星就是《流浪地球》中勾住地球的那颗大的气体巨行星。木星的巨大的质量干扰了其引力范围内的其他天体的形成，使得这些小行星始终处在演化早期的原行星阶段无法凝聚成一颗真正的行星。1、必须是围绕恒星运转的天体；2、质量必须足够大，来克服固体引力以达到流体静力平衡的形状；3、必须清除轨道附近的区域，公转轨道范围内不能有比它更大的天体。木星的轨道在历史上曾发生过显著的迁移。木星形成后不久，在内太阳系仍然保有不少气体时，这颗气态巨行星向内迁移到了小行星带附近，木星的引力拖曳显著地限制了火星轨道附近的小行星数量，让发育中的火星饥肠辘辘，土星的形成让木星产生反向的迁移，小行星带内侧的小行星上的水早已被褫夺殆尽，而外侧的小行星仍然保有水。木星轨道的往复迁移，解释了火星为什么无法获得接近地球这么大的质量。而火星的小个头又是决定其演化历程的关键因素。火星的体积和质量在行星中都算不上大的。事实上，新形成的行星内部是炽热的，并会通过其表面散发热量而逐渐冷却。星体越小，则其内核热量越少，同时冷却也越快。

火星的热量来源于两个方面。一方面，不稳定元素的自然衰减产生的热量，这引起了火星内部温度的上升；另一方面，小天体撞击产生的能量也会在表面累积。这些热量诱发了强烈的火山活动，持续地释放出挥发性化合物，这构成了富含二氧化碳的原始火星大气。这些稠密的大气存在了大约 5 亿年，通过温室效应产生了适合液态水存在的温度和压力，这也帮助了大气维持了自身的存在（这个曾经的假说已经因火星上黏土的发现而被确认，因为如果没有大量水的存在是不可能形成黏土的，此处所指应该是流水作用形成的黏土）。然而好景不长，火星内部的深度冷却冻结了深处的地壳运动，进而导致火星内部磁场消失、全球气候变化。此时火星无助地、迅速地失去了磁层的保护；而太阳风——高速袭来的离子和活跃电子——则撞击火星高层大气，致使其被逐渐侵蚀。屋漏偏逢连夜雨，这些不同机制合力将原子和分子从火星大气层中剥离、带入到星际空间中去。

富含二氧化碳气体的稠密大气产生的温室效应，随着大气压强的降低也有所减轻。轻微的温度降低引起了少量挥发性元素的冷凝，继而又减轻了温室效应，这反过来引起了新一轮的温度下降，形成了降温的恶性循环。在不到一亿年前，压力和温度达到了接近今天的水平。如今的火星大气由 95% 的二氧化碳气体组成。此外，火星的昼夜温差很大，有的地方一天之内可以从 0 摄氏度变到零下 100 摄氏度。在变成一片冰冻荒漠之前，火星经历过一段过渡时期，地表频繁遭受流星轰击、剧烈的火山活动释放大量的硫磺。火星的环境通常是干燥的，但偶尔也会夹杂着有酸和硫磺环境的湿润时期，这有利于硫酸盐的形成。

火星上是可以承载部分生命存在的，但更不能有城市的存在。因为现实条件不允许。1. 火星的地质火星已经极其微弱，几乎没有板块运动，地底能量基本散失殆尽，磁场过于微弱无法防御太阳风和宇宙辐射，大气成分也缺少足够来源；2. 火星在 37 亿年前与地球情况基本相似，除了海洋和湖泊普遍呈现酸性以外，基本能够维持原始生命，但随后陷入了不可逆的水分散失过程；3. 火星大气现在正在快速流失，目前基本没有补充且流失永不终止，火星大气将会最终散失殆尽；4. 火星地下依然含有至少 2% 的水分，且在夏季时两极区域和高山斜坡上存在液态盐水流动情况，越靠近两极水分越多，两极冰盖的水冰含量甚至达到了格陵兰岛的三分之一，足够人类生存；5. 火星土壤 95% 以上是矿物质和金属，两极区域含有高氯酸盐，高氯酸盐是氧化剂且能作为氧气来源，大气中 96% 以上成分也是二氧化碳，可作为人类未来能量和植物呼吸来源；因此，火星整体上陷入了一种趋向于更加荒芜、死寂、空旷且不可逆的过程中，内部能量的散失更是完全无法拯救的，人类基本要放弃对它的整体改造。

对于稀有金属和矿藏等，完全没必要依赖地球运输。火星距离小行星带已非常接近，这里有着几十万颗小行星，更有数亿颗乃至数不尽的极小星体，它们的成分和构造完全不同，不少都拥有地球上极其稀缺的资源。火星上的航天探测要比地球简单很多，完全能够建立定期"采矿航班"，采取缓慢控制合适大小的小行星，改变轨道靠近火星，在临近火星时将其拖入火星撞击在地表成一个小型矿藏，只需慢慢派车来挖即可，这个难度甚至要低于地球采矿，比起地球运输过来更是性价比高很多。

那么火星算是死亡了的地球吗？火星与地球几乎同时诞生，形同姊妹，似乎有机会成为另一个地球；但如今，地球生机勃勃、活力四射，火星却寒冷干燥、满目荒凉，漫天沙尘将天空染成淡淡的红色，成了一个近乎死去的世界。火星上究竟发生了什么？

为何与地球命途迥异？我们又为何要向它不断进发？撞击引起了剧烈的岩浆活动，使得火星地势南高北低，南半球以高原地形为主，地壳较厚，行星胚胎与原始火星相撞，火星的样貌从此大为改变。北半球以平原地形为主，地壳较薄。此后，一系列大规模撞击事件仍然持续不休，又在南高北低的大背景上制造出一系列巨型撞击坑。

在北半球，若干个巨型撞击坑彼此相近，碰撞产生的熔岩首先在坑底冷却，然后又被泥砂石块逐渐填平，融合成规模惊人的北方大平原。火星是离太阳第四近的行星。它是一个拥有很多岩石且尘土飞扬的沙漠世界。它的大气非常稀薄，主要是由二氧化碳组成的。火星的火红色。为什么火星是红色的？你知道生锈的铁是什么颜色吗？是红褐色，其实是火星上富含铁元素，而且那些铁几乎都生锈了，所以火星也就成了氧化铁的颜色——红褐色的了。

火星上的一年几乎是地球上的两年，它公转一周的时间是687天。但火星在有些地方又和地球没有多大的区别，它和地球一样拥有多样的地形，有高山、平原和峡谷。火星上的季节变化方式应该与地球相同。但由于火星上每个季节的时间比地球上长一倍，再加上火星比地球离太阳远，所以火星上的每个季节都比地球上相同的季节要寒冷。火星上四季长度的差异也比地球上四季长度的差异更大。

木星

天文学界都说木星是一个气态行星，木星的气是多但是木星却真不是气态行星，它内部是有物质的，只是气比较厚而已。

行星里面，木星是最大的，是因为木星生来就大还是后来变大呢，要是后来变大的，那太阳也是后来变大的吗？太阳要是后来变大的，那太阳光是啥，是成为 30 万的光速呢？地球有引力，月球为什么不在南北极而在赤道上转呢？南北极的引力去哪儿了，还是南北极就没有引力呢？木星是一个巨大的液态氢星体。随着深度的增加，在距离表面千米处，液态氢在高压和高温环境下形成。据推测，木星的中心是一个含硅酸盐和铁等物质组成的核区，物质组成与密度呈连续过渡。

我们经常说木星是一个气态行星。之所以有这个说法，是因为组成木星的主要元素是氢和氦，这两种东西在常压下都是气态物质。之所以木星会主要由氢和氦组成，是因为在太阳风的驱动下，氢元素会跑得更远，所以外太阳系，也就是木星轨道以外，大量存在的物质就是氢和氦。自然，这些巨行星也只能用这些材料组成了。但是，在木星巨大的质量下，即便是以氢和氦为主的轻元素，也会在引力下坍缩。木星的大气层越往深处走，大气的密度就越大，最后一直变成粘稠的状态。目前主流的认知是，木星的核心里是液态的金属氢。还有一些说法认为，木星的核心很可能是少量的重元素组成的固体核心。也有科学家认为，木星的核心里可能会有冰。但不管木星的核心里有什么东西，从状态上来说，木星的内核至少也应该是液态的。而且由于轻元素的性质，木星很可能没有一个清晰的表面，它的大气层随着压力的增大，越来越粘稠，最后就变成了液态和固态。

木星的质量，是太阳质量的千分之一，听起来似乎不大。但是实际上，木星的质量是太阳系其他七大行星的质量的总和都要多很多，而从体积上来说，我们所熟知的，木星的标志性景观现象——木星大红斑，完全可以容纳得下整个地球。

木星体积很大，尽管离我们很远，它在夜空中也非常明亮，是夜空中第三亮的天体，仅次于月亮和金星。它的反光，甚至已经强到足够形成影子了。按理说，按照小说的一致套路，大凡是身形庞大的家伙，行动必然迟缓。然而木星却是个"敏捷的胖子"。木星是整个太阳系中自转最快的行星。体积大，转的快，这就形成了一个显而易见的后果，这个胖子变得很扁。就算是用入门级的天文望远镜，也可以看出，其赤道要比两极直径更大，大约相差将近一个地球还多。

木星的很多特殊性质，都跟其硕大，庞大，巨大，宏大，伟大……总之非常非常大的体型，以及作为一个"敏捷的胖子"的本性有关。木星很大，但是自转又很快。木星的大红斑，就是因为超高速的表面风，形成的一种湍流风暴。暴躁而充满破坏欲，这是木星这个平和的名字下隐藏的特性。高速自转的流体，就像线圈里流动的电流，使得木星具有了强大的磁场。这个磁场远比地球的磁场强，这样强的磁场，使得木星两极产生了绚烂的极光。

为什么说木星是地球的屏障，每个行星都有自己的引力势阱。如果一个小行星进入行星势阱，但因为机缘巧合速度下降导致没有足够速度逃离，就很容易被该行星俘获。落入木星的天体难逃离引力束缚。虽然木星，土星公转周期较长。但是一个太阳系外层天体从遥远的地方落入太阳系并落入接近地球轨道的地方，一般也要花费十几到几十几百年的时间。这其中经过木星，土星引力影响范围时间很长。大量的短周期彗星和外天体都会被木星，土星影响和俘获。剩下的少量长周期彗星经过内部行星轨道的频率很低，不足为惧。

木星的引力场从北向南并不对称。这对于这样一个快速旋转的动荡不安的行星来说是出乎意料的。这似乎是由行星上各种不同的风和大气流动造成的。木星的大气层包含了约1%的行星质量，相当于三个地球，这是非常巨大的。相比之下，地球的大气层只占地球总质量的百万分之一。

天王星

天王星的自转轴与太阳系的平面大致是平行的，也就是说天王星是躺着自转的。这使得天王星的季节变化完全不同于其他行星。 在至点附近时，天王星表面的一个极点会长久性的一直指向太阳，然而另一个极点会背离太阳而不被照射到。只有赤道周围的狭小区域会经历一个快速的昼夜循环，但赤道附近的太阳高度仍然处于地平线附近很低的位置，这和在地球极区附近看到的情形差不多。当天王星轨道运行到另一侧时，两极朝向太阳的方向将是相反的。这种自转轴朝向带来的一个结果是：天王星的极地区域从太阳接收到的年平均热辐射能量比在其赤道区域吸收的年平均热辐射能量更大。在太阳系的平面上，无论行星的自转方向如何，都是以黄道面以北的极点为北极。

天王星和海王星的差异主要体现在天王星和海王星的外形差不多，只是颜色略有区别，天王星更蔚蓝，海王星更深蓝。导致这种现象的是大气中的甲烷对阳光某些波段的吸收，而天王星大气中的甲烷高于海王星所致，这两颗行星虽然和木星土星一样都是气态行星，但大气层以下星体结构组成，与木星和土星有较大区别。木星和土星主要由氢氦元素组成，星体结构上，木星土星的地函层，也就是相当于地球的地幔层，主要由液态氢和金属氢组成。大小不同：质量上海王星更大，天王星小一点；它们的卫星多少不同：天王星有 27 颗卫星，海王星只有 14 颗卫星；自转轴倾角不同：海王星自转轴倾角为 29.56°，只比地球稍大一点；天王星则为 97.77°，基本是倒在公转轨道上，它们都有星环，但环数和密度不一样。天王星的星环有 13 个层次，而海王星的星环只有 5 个层次；天王星的星环比海王星密度大，因此更明显。天王星和海王星的表面温度也略有区别。天王星更冷些，表面温度为 -216℃，海王星表面温度约 214℃。天王星和海王星的这些不同，是由于它们毕竟不是同一个星球，在形成过程和运行过程，以及在几十亿年的运行过程中所遭遇的事件都不一样。太阳系诞生于 50 亿年前，八大行星是太阳系第二层次的天体，是受太阳约束的行星，也可以说是太阳的儿子。

柯伊伯带

柯伊伯带的复杂结构和精确的起源仍是不清楚的，柯依伯带就是太阳系的边缘 太阳系的边缘就是太阳光及其微弱的照射之处，柯伊伯带包含许多微行星，它们是来自环绕着太阳的原行星盘碎片，它们因为未能成功的结合成行星，因而形成较小的天体，最大的直径都小于 3,000 公里。天王星或海王星都不是在土星之外的原处形成的，因为只有少许的物质存在于这些地区，因此如此大的天体不太可能在该处形成。这些行星应该是在离木星较近的地区形成的，但在太阳系早期演化的期间被抛到了外面，当木星绕太阳运转两圈，土星正好绕太阳一圈。引力如此的共振所产生的拉力，最终还是打乱了天王星和海王星的轨道，造成它们的位置交换而使海王星向外移动到原始的柯伊伯带，造成了暂时性的混乱。当海王星向外迁徙时，它激发和散射了许多外海王星天体进入更高倾角和更大离心率的轨道。

在宇宙中，太阳系是一个相对完整的小天体，太阳系由四大部份组成：一、太阳及太阳风暴区为太阳系的核心区，太阳及其环太阳的风暴区是整个太阳系的核心区域，太阳在太阳系中虽然占有的空间非常小，但太阳释放出巨大的能量。二、类地行星区，由于四大行星距离太阳较近，太阳的磁场、太阳光所产生的能量将行星分化成不同层次结构的星体，我们称这一天体区域的大行星区为类地行星区，也可称之为重质区与近太阳区域。三、类木行星区，由于四颗大行星的轨道距离太阳较远，行星壳层被低温冰封，形成冰封状态的星体，而在其内部，由于受太阳磁场的支配，在行星自转与公转力的作用下，产生核热现象；由于木星质量与密度较小，热核现象可直达木星表层，我们称这四颗大行星为类木行星，称类木行星所在的天体区域为远太阳区域，轻质区域。四、在太阳系的边缘区域，在海王星轨道以外至太阳系边缘区域，由于气温低至 -273 摄氏度以下，发现有一个小行星群带，所有的星体都呈冰封状态，质量较小，我们将这一天体区域称之为：柯伊伯带。柯伊伯带是太阳系在海王星轨道外黄道面附近、天体密集的中空圆盘状区域。

1、远太阳的四颗类木行星，其星体的物质构成，质量与密度相近，所以称之为类木行星。如果这四颗大行星都诞生于宇宙大爆炸后的聚合，从物质构成，质量与密度上看，它们应该聚合成一个整体，或者几个星体在一个天体轨道上绕太阳运行。而这一现象并没有发生，也就表明：类木行星的诞生并非发生在宇宙大爆炸之后。

2、太阳系主要由类地行星、与类木行星组成，类木行星与类地行星之间的巨大差异表明，在太阳系的任何区域里都不可能形成大致相同的星体。类木行星的存在，表明类木行星只能诞生于一个天体环境，这个天体环境被称之为上柯伊伯带。

3、四大类木行星有规律性的轨道排序，表明类木行星不是诞生于同一个天文单位，如果说，八大行星都诞生于宇宙大爆炸过程中的尾声，那么，依据类地行星与类木行星之间的巨大差异，不同的天体区域，其物质的分布不存在均一性，因而我们推断：八大行星不可能诞生于同一天文时间的天文单位之内，即类木行星的诞生有前后之分。

4、木星主要由气体物质组成，主要气体物质有氮、一氧化碳、甲烷。氮气在标准大气压下，冷却至 -196℃时，变成没有颜色的液体，冷却至 -218.8℃时，液态氮变成雪状的固体。木星所在的天体位置，其表面温度为：-168℃。这样的温度是无法聚合成气体热核星体的。因而，木星诞生的天体位置不会是今天木星绕太阳运行轨道的天体位置。

5、四大类木行星有规律性的轨道排序，表明类木行星诞生于同一天体位置，而非各自诞生于今天的天体轨道附近。从类木行星的质量、密度、物质结构上看，它们都有趋同性，因而，类木行星只能诞生于同一天体区域内，而非各自的天体区域内。既然类木行星诞生于同一天体位置，那类木行星又诞生于什么样的天体区域呢？氮气在标准大气压下，在温度低至 -196℃时，形成液态。而天体不存在大气压，即使太阳系的边缘区域，即柯伊伯带的温度低至 -218.8℃以下时，液态氮也不可能变成雪状的固体。而液态氮有很强的粘性，因而柯伊伯带是最佳的行星聚合区。液态氮在柯伊伯带上不断的聚合宇宙尘埃、冰封星体，从而形成太阳系大行星的起源。由于柯伊伯带存在着大量的轻质原子构成的物质，以及冰封的小天体物质，即冰封碎星体。它们的聚合，这才有了后来的类木行星。氮、在太阳系的分布最多，所有的大行星都盛含氮。氮原素的化学性质十分稳定，氮不会轻易的与别的物质发生化学反应。氮原素的特殊性质成为大行星起源与发展的重要条件。当气温低至 -196℃以下时，氮就成了天体聚合的重要工具。当星体聚合之后，内核的温度上升至 -196℃以上时，液氮又会恢复成气态，夹在内核中的氮气，在大行星自转过程中产生逆向运动，摩擦使大行星产生热核现象。

6、四大类木行星有规律性的轨道排序，表明类木行星都在绕太阳作向心运动。当一个行星在一个天体位置上诞生后是不会诞生第二颗行星的，而类木行星的趋同性则表明类木行星都诞生于同一天体区域，只有当前一颗大行星离开此天体位置后，这个天体区域才可能聚合下一颗行星，因而，由此推断：类木行星都在绕太阳作向心运动。

7、从类木行星的自转速度变化上看，木星自转一周为地球时间的十个小时，土星自转一周为地球时间的 11 个小时，天王星自转一周为地球时间的 15.6 个小时。这些数据的变化说明：远太阳的类木行星，其质量与密度较小，距离太阳越远，受太阳磁场作用越小，自转速度越慢；在质量与密度基本相同的条件下，类木行星距离太阳越近，受太阳磁场的支配越大，自转速度越快。这是一个非常有规律的天体现象。

8、从类地行星的自转速度变化上看，类地行星由于自身的质量、密度、与太阳的距离，受太阳磁场的支配，其自身运动呈递减状态。表明太阳系明显呈现出两个区域，远太阳区域与近太阳区域，依据天体中的星体分布结构上看，我们又可将远太阳区域称之为轻质区，将近太阳区域称之为重质区。在重质区域内，由于大行星的质量与密度偏大，受太阳引力磁场与斥力磁场的扰动支配，大行星的自转速度成减速状态。重质区内的大行星自转速度呈减速状态，而轻质区域内的大行星，由于其密度较小，自转速度为增速状态。从重质区域与轻质区域的空间分布上分析，轻质区域的空间要比重质区域的空间大。

9、在距离太阳最近与距离太阳最远的天体位置，水星与海王星的自转速度出现异常，呈非规律性自转运动。它们的天体位置，一个距离太阳最远，一个距离太阳最近，这并非偶然，而是规律性的另一种表现。它们的存在恰恰说明：在太阳系边缘区域与轻质区域之间存在一个过渡带；在重质区域与太阳风暴区域之间同样存在一个过渡带。天体过渡带的存在，表明太阳系不仅有区域性结构，而且，在这些区域内太阳引力磁场与斥力磁场的分布结构也是不同的。

10、既然太阳系的八大行星都在绕太阳作向心运动，类木行星又怎么演化成类地行星的呢？柯伊伯带是远太阳区域外即轻质带外边缘的一个带状天体区域，那么，在近太阳区域即重质区域外，一定有一个重质带与之相匹重质带，它就是小行星群带。在柯伊伯带，宇宙尘埃聚合成轻质星体，当轻质星体运动至小行星群带区域后，木星接受了大量的、由重质物质组成的小行星冲击，从而获得大量的重质物质，这个过程使木星的自转速度减慢，木星的卫星在惯性引力减弱、太阳引力逐渐增强的条件下，不断的绕木星作离心运动，有一部份成为太阳的行星，我们称这类大行星为补充性质的类地大行星。木星在不断接受重质带小行星撞击过程中，自身质量在不断增长，自转速度趋缓，木星开始出现坍缩与沉积，这就形成了早期地层的形成与生命的起源。

11、人造卫星是不能能通过柯伊伯带登陆冥王星的。柯伊伯带上的超低温冰封一切物质的生命，包括人造卫星，所以人造卫星进入柯伊伯带后是无法工作的。由以上分析论述中，我们得出两个结论：冥王星是一颗正在柯伊伯带上成长的太阳系大行星，在冥王星还没有成长为大行星之前，我们称它为矮行星再恰当不过了。柯伊伯带的存在，为我们揭示了太阳系的基本结构：太阳系由三个区域、两边缘带、两过度组成。三个区域即太阳中心区，近太阳的重质区与远太阳的轻质区；两个边缘带即重质带（小行星群带）与轻质带（柯伊伯带）；两过度带：在轻质区与轻质带之间有一个过度带，在太阳风暴区与重质区之间有一个过渡带。太阳系的三区两边缘带两过度带都是由天体中的星体分布与运动规律决定的。与运动状态来决定的

流星

流星是太空尘埃在进入地球大气是摩擦产热，燃烧导致的最后的辉煌．太空尘埃来源多种，有来自小行星带的天体、彗星等经过地球轨道留下的碎片，还有人造卫星的残骸．一般肉眼可见的流星，多是来自于小行星带的天体，这些天体在火星和木星的轨道之间绕着太阳运转．由于各大行星间的相对位置随时在发生变化，其中有个别小行星会受引力作用而脱离轨道，向内侧运动，这是最常见的地外天体的来源，如果这小行星比较小，那么就会在进入地球大气层时燃烧殆尽，如果体积较大，可能会落在地面，称为"陨石"，再大点会造成较大的灾难，有人认为恐龙的毁灭就是因为有一颗较大的小行星撞击地球导致的．这种危险虽然并不经常发生，但仍是有可能的．

流星雨一般是彗星或小行星崩溃后的碎片，均匀分布在绕太阳公转的轨道上。如果它的轨道与地球轨道相交，那么地球运行到交点时就会有一些碎片落到地球上，就形成了流星雨。因此流星雨总是在一年中固定的日期，而且总是来自某个特定的方向。把流星的轨迹反向延长会交于一点，称为辐射点。辐射点在哪个星座的范围内，就称为某某座流星雨。

晴朗的天空，有时会看到一闪而过的亮光，稍纵即逝，这就是流星。在太阳系中有无数的流星体和密集的流行群体，它们由星际空间的尘埃、慧星碎片、冰块和尘埃颗粒组成，直径从几微米、几厘米至数米不等。它们围绕太阳运动，其轨道大多是拉的很扁的椭圆，在他们运动过程中接近大行星时会受到摄动，因而改变了它们的运行轨道。

当流星体闯入地球大气后，与大气摩擦，产生大量热，从而使之气化，在该过程中发光形成流星。尘埃颗粒叫做流星体。一个微小的流星体就足以产生在几百公里之外就能看见的亮光，其原因就在于流星体的高速度。光的来源是与大量的空气分子相碰撞，使颗粒的外层微粒被撞离母体。在碰撞过程中，一些空气分子发生电离。当被离解的电子再次被原子俘获时便会产生发光现象。一个流星的颜色是流星体的化学成分的体现：钠原子发出橘黄色的光，铁为黄色，镁是蓝绿色，钙为紫色，硅是红色。流星通常不会发出可以听见的声音。如果你没看到它的话，它就会悄无声息地一扫而过。对于非常亮的流星，曾经有人听到过声音。这些声响主要集中在低频波段。一个非常亮的流星，如火流星，可能会听到声音。如果流星体的直径大于大气分子的平均自由程，则在流星体的前边会产生大量的激波。偶然情况下，这些激波会深入到大气的底层从而被我们听到。听起来像远处发出的隆隆声，这就是流星的声音。流星有时会在它通过的轨道上留下一条持久的余迹。余迹的主体颜色多为绿色，是中性的氧原子。可见余迹亮度迅速下降。这些亮光来自炽热空气和流星体中的金属原子。有时可以看到一颗非常明亮的流星还伴随着"沙沙"的响声划过天空，这就是火流星。它非常明亮像条闪闪发光的巨大火龙。它的出现是因为它的流星体质量较大，进入地球大气后来不及在高空燃尽而继续闯入稠密的低层大气，以及高的速度和地球大气剧烈摩擦，产生出耀眼的光亮。

流星发光的原理严格来说，它发光的原因不是因为它燃烧。

而是因为流星进入大气后，由于高速运动而对空气进行压缩和空气对其的摩擦产生的热量，使空气和流星的物质等离子化了。微观的解释，就是物质所构成的分子，在高温下离解，而流星的颜色就是等离子体在不同能级下的颜色。其实流星的光芒产生是比较复杂的，它也是很多因素共同作用的，并不单单是压缩空气和空气摩擦。

流行是通过空间中的小碎块，流星雨的流星一般是彗星的"遗撒"。这些厘米级的小碎块进入地球大气，并且和大气摩擦、压缩前方空气这样升温发光，夜晚看到的流行体为什么是一闪即逝的，流星是行星际空间的尘粒和固体块进入大气与大气摩擦产生发光现象。那么由于进入大气的绝大部分物体的体积和质量都比较小，并且相对地球的运动速度都特别快，所以与大气剧烈摩擦之后会很快速的燃烧殆尽，所以你看到的流星体是一闪而逝，是因为不经烧很快就烧完了看到不一闪而过的流星体是很危险的事情。

1. 夜空中的星有些亮有些暗最核心的原因：距离，比如说晚上回家路上，应该体验到远近不一的灯光亮度大不相同，头顶上的灯肯定是最亮的，但不代表远方的就真的暗，我们看头顶上的星星就是这个逻辑：因此月球距离地球最近，这个小不点反而看起来非常大非常亮。

2. 地面天气原因；生物生活在地球上离不开大气的庇护，尤其是和我们关系最大的对流层，风雨雷电各种天气都在这里形成。尤其水汽就是人类生命的源泉，它们来自地面和海洋的蒸发，聚集成云层，才能在内陆地球重新将落成雨形成河流湖泊和地下水。

水有折射作用，高空中的水汽也有这种效果，高空比较薄的云层在折射之外还有阻挡，当星光穿过它们的时候就会出现时亮时暗。因此，我们肉眼看见的星星一闪一闪亮晶晶很大程度只是天气的原因，和星星并没有关系。万里无云的夜空是观察星星最好的时机，阴雨天就变得无比困难，这也很好理解了。

3、光污染，网路上经常提空气污染、水污染、土壤污染，在我们肉眼看星星时，有一种最关心的污染叫做光污染，顾名思义：我们不想要这些光。   比如，大白天的由于来自太阳的"光污染"，几乎看不到任何星星；在很多夜空被灯光照亮的城市里也是这个原理，生活在城市的人很难看到美丽的星空；天文观测拍照的时候，突然有好事者把手电筒照向你观测的方向，也是很讨厌的。

宇宙中也有一些恒星会走到生命尽头，它们会耗尽最后的能量发生剧烈的爆炸，释放的能量可以轻易毁掉整个太阳系。因而我们能看到天空中突然发亮的一颗星星，亮度也会不稳定，但持续几周后就会完全消失。而一些彗星抵达太阳附近时会被太阳影响抛落大量的物质，这些物质或其他小行星误打误撞闯入地球稠密大气时，大气摩擦会把它们疯狂加热焚毁，这就变成了流星，亮度也可以非常高。不过它们一般都转瞬即逝，这也是名字的来历。

流星雨是彗星轨道上散落的碎屑形成的，规律性很强；流星体在地球形成早期时候对地球的影响比现在大多了，或者说流星体、彗星撞击本就是伴随地球形成的一个重要过程。现在对"大行星"的定义其中一条就是"清空其所在轨道"，这个"清空"的过程就是滚雪球一样不断撞击。这对于我们地球产生的意义是非常大的。

日食

日食，从字面意思，我们也可以理解为食日，即"吃掉"太阳。那么是什么"吃掉"太阳呢？月亮！在我国古代民间传说是"天狗食日"，因为人们不知道是什么，所以认为是"天狗"。随着科技的发展，我们现在知道了，是月亮"吃掉"了太阳。月食日食都是在证明地球与月球轨道的不规定性，要是轨道有规律那就是每一次都会在同时同地出现，而不会今年在这明年在哪的。

日食上演时，需要使用专业的太阳滤镜观赏。如果是部分被月亮遮住，那么这被称为日偏食，如果全部被月亮遮住，这被称为日全食。还有一种很壮观的日食，那就是日环食，它的样子就如同天上挂了一个超级无敌的天然指环。

当一个观测者在地球上位于月球投射到地面的阴影时，月亮就会完全的或部分的遮住太阳，这一地区就发生了日食现象。只有当月球接近黄道面时，太阳、月亮和地球几乎在一条直线上朔望，这种情况才会发生日食现象。在日偏食和日环食类型中，月亮只能遮挡住部分太阳。如果月球的运行轨道是圆形的，且在距离上离地球稍微近一点，再加上位于同一轨道平面，那么当每当新月发生时，我们从地球上都会看见日全食。但是，由于月球的轨道与地球围绕太阳的轨道有倾斜夹角，所以月球的影子通常会错过地球。日食和月食仅在日食的季节时才会发生，每年至少会发生两次，最多只能发生 5 次日食；其中日全食一般不会超过两次。

日食有四种类型：

第一种是日全食。这种情况是月亮的暗轮廓完全遮蔽强烈而又明亮的太阳光，在这种情况下，我们可以看见很微弱的太阳日冕。在所有的日全食中，全食带的范围是非常狭窄的，因此只有小部分地区才可以看见。

第二种是日环食。当太阳、月亮、地球轨道运行到近乎呈一条直线时，就会发生日环食，不过此类型事件要求月亮的视直径必须小于太阳视直径。所以，太阳看起来就是一个非常明亮的大环，或天然大指环，月亮的暗面周围被太阳光所包围。

日环食是日食的一种。发生时太阳的中心部分黑暗，边缘仍然明亮，形成光环。这是因为月球在太阳和地球之间，但是距离地球较远，不能完全遮住太阳而形成的。发生日环食时，体物的投影有时会交错重叠。

日环食的本质实际上是因为月球离地球较远，月球的本影不能到达地面而它的延长线经过了地面，而位于月影的本影延长线区域伪影区的人们就能看到日环食。如果月球离地球较近，月影本影能到达地面，则本影下的人们看到的是日全食。日环食还与地球和月亮本身有关。因为地球和月亮都是不透光的球体，所以太阳照射到光，有时会被月球挡住。农历初一初二就有可能发生日环食。在以上日子中，如果地球、月球、太阳在同一条直线上时，日环食就发生了。太阳射出的光线被月球挡住，而在月球的阴影区内，人就不能接受到阳光，所以就无法看到太阳。又因为月球到地球的距离与月球到太阳的距离不同，且月球离太阳比月球距离地球大很多所以月球就把太阳遮住，只露出周围的一部分，所以形成日环食。

第三种就是混合日食（也称为日环食／日全食）。这种类型的日食会在日全食和日环食之间短暂的移动。也就是说在地球表面的某些点上，它看起来像日全食，而在其他附近的点上，它看起来又像日环食。这种混合日食是极为罕见的。

第四种就是日偏食。当太阳、月亮、地球沿轨道运行到偏离直线多点时，月亮只会有一部分遮挡太阳，这就是日偏食。这种现象很普遍，因为在日全食、日环食、混合食中都可以看见它。然而，有些日食只能发生日偏食，因为本影只经过地球的极地区域，不会与地球表面相交。

就太阳的亮度而言，日偏食实际上是不会发生很明显的亮度变化，因为它需要 90% 以上的遮蔽率才能让我们明显注意到太阳亮度变暗的现象。即使在 99% 的情况下，也不会比民用的黄昏暗淡。当然，如果观测者通过一个专业的太阳滤光器（为了安全起见，在观赏日食时，一定要一直使用滤光器）来观察太阳，就可以观察到太阳的变暗过程。

为什么会有日食出现呢，日食是一种罕见的天文现象，从世界范围来看平均一年能出现一两次，但是在一个地区可能 300 多年才会出现一次。月球运动到太阳和地球中间，如果三者正好处在一条直线时，月球就会挡住太阳射向地球的光，月球身后的黑影正好落到地球上，这时发生日食现象。致使地球上的局部地方，即使是白天，也看不到太阳或只看到残缺的太阳，太阳完全被遮住称为日全食，遮住部分称为日偏食。对日全食来说这时月球把整个太阳都遮住了，对日环食来说这时太阳开始形成一个环；日食过程中，月亮阴影与太阳圆面第一次内切时二者之间的位置关系，也指发生这种位置关系的时刻。天空方向与地图东西方向相反。日食的时候，太阳，月亮，地球处于同一直线上。由于月球自西向东绕地球转动，日食总是从日轮的西边缘开始，向东边缘发展。所以日食都是从西边开始。

月食

月食是自然界的一种现象，当太阳、地球、月球三者恰好或几乎在同一条直线上时地球在太阳和月球之间，太阳到月球的光线便会部分或完全地被地球掩盖，产生月食。所以月食必定发生在"望"。要注意的是，由于太阳和月球在天空的轨道并不在同一个平面上，而是有一定的交角，因此只有太阳和月球分别位于黄道和白道的两个交点附近，才有机会形成一条直线，产生月食。

1. 月全食：当月亮、地球、太阳完全在一条直线上的时候，地球在三者中间，整个月亮全部走进地球的影子内，月亮表面变成暗红色，就会形成月全食。在月全食阶段，月亮会变成神秘漂亮的"红月亮"。2. 半影月食：月亮环绕地球运行过程中，月球并不会进入本影而只进入半影，这就称作半影月食。在半影月食发生期间，月亮将略为转暗，但它的边缘并不会被地球的影子所阻挡。半影月食是月球进入地球半影的天文现象，这时地球挡住了一部分太阳照向月球的光，月球看上去要比平时昏暗一些，但照样是亮的，只是其亮度稍有些暗淡。半影月食期间，月面有一个从亮到暗，从暗恢复到亮的过程，因为月亮比平时略暗，所以用眼观察不太明显。3.月偏食：当月球只有部分进入地球的本影时，就会出现月偏食；月偏食的过程分为初亏、食甚、复圆三个阶段。初亏：月球刚接触地球本影，标志月偏食开始。月球开始进入"阴影"状态 。食甚：月球的中心与地球本影的中心最近。月球基本被"阴影"包围。复圆：月球的西边缘与地球本影东边缘相外切，这时月偏食全过程结束。此时月球恢复光亮。月球被食的程度叫"食分"，它等于食甚时月轮边缘深入地球本影最远距离与月球视经之比。月食形成的原因是由于光的直线传播某一时地球挡住了太阳光照射到月球上而已。

虽然月食的时候，地球将太阳遮挡住了，但是因为有大气层的缘故，太阳的光会通过大气层的折射，将一部分太阳光继续投射到月球上，不过浓密的大气会将波长较短的蓝紫光截留和散射掉，只有红光通过了大气层，这样月球只能接收到红色的光芒，我们看到的也就是红月亮了。月球除了月食之外，同一时刻总是半个球面被阳光照亮，半个球面是黑暗的。然后月球这半个被照亮的半球总是以不同的角度面对着你。这也是为什么除了朔日和满月外，所有月相的边缘处一定是半椭圆，而不是圆弧这本质上是过月球球心的大圆圆弧在天球上的投影。

　　月环食是不存在的。因为月食是月球进入地球本影锥或半影发生遮挡而产生的。地球本影锥在月轨处的宽度远远宽于月球直径，不信大家可以查参数近似计算。月食分为：月全食、月偏食、半影月食。月全食顾名思义就是食甚时，整个月面都进入本影锥，即食分大于等于一。月偏食是食甚时一部分月面进入本影锥，即食分小于一。半影月食即月球虽然并未经过本影锥，但受到半影的遮挡，发生光度的下降，但日常观测中，半影月食常常不被看作"食"，因为观测价值非常小。"同时出现"，根本就是外行的说法，因为月全食食既前的部分遮挡，以及生光后的部分遮挡不能算是月偏食。

　　农历十五左右的时候，太阳地球月球大致位于同一直线上，这样我们才能观测到满月的月相。（补充日地月相对位置关系：初一是月球在太阳与地球之间，十五是地球在月球与太阳之间，上弦下弦是三者呈直角三角形）但是，地球绕太阳公转轨道面（黄道）和月球绕地球公转轨道面（白道）不在一个平面上，而是有一个夹角。虽然这是一个很小的角度，但是对于距离遥远的天体来说，这一点点角度足以让地球的阴影落不到月球表面上，所以，月球对着地球那一面是被阳光完全照亮的。值得注意的是，黄白交角的大小本身是会有规律地变化的。黄白交点在黄道上也不是固定的。农历十五，地球位于太阳月球中间，三者又位于同一水平面上（即位于黄白交点），地球的阴影落在月球上，就会发生月全食。位置离得远一点一点不就是偏食，这就是为什么不是每个月都有月食现象。

行星连珠

　　"九星"是指太阳系内的九颗行星，当然，其中不包括太阳这颗恒星。而所谓的连珠，是指在一定的时间周期内，太阳系九颗行星的位置正好处于一个角度不大的扇形空间内，这种天文现象便是"九星连珠"。然而，"九星连珠"之所以罕见，是因为太阳系的九颗行星围绕太阳旋转的轨道各不相同，且它们的运转速度也不尽相同。在平常之时，这些行星散布在太阳系周围的宇宙空间之中，因此，"九星连珠"那种特定的空间形态较为难得。首先，这些行星的位置，要取它们在黄道面上的投影位置；其次，这些行星的投影位置聚集在地球和太阳的连线上，这个时候视为行星连珠；再者，行星和地球的连线与太阳和地球之间的连线夹角，则被视为这个天文事件的量化指标，这个夹角为锐角；最后，要求出在同一时间内各个行星的夹角，当其中夹角最大的行星运转到夹角变为最小值的时候，便是行星连珠的时间。行星连珠是极为少见的天文学现象，正常人一生见不了几次。

　　"九星连珠"这件事会不会对地球造成什么影响，会不会引起一系列的灾难？毕竟，在人们的心中总是会这样想，天有异象则必有特殊的事情发生，更何况，是九星连珠这样 6000 多年才会发生一次的天文学奇观。虽然，"九星连珠"说认为：世界末日时可能会出现太阳、地球、行星连成直线的现象，太阳在天空中的线路将会穿过银河系的中心，让地球处于更强大的未知宇宙力量的牵引中，从而加速地球的毁灭。其实，这种说法是没有根据的。所有，人们不用对这件事有什么多余的担心，只是把它当成一种正常的天文现象看待就好。而且，"九星连珠"不仅不会对地球产生什么影响，也不会对其它行星产生影响。当然，行星的引力会对其它的行星产生作用，因此，不管行星之间的位置怎么变化，也不会让它们的宇宙位置产生异常的变化。

太阳

太阳是氢气与氦气有点牵强，太阳爆炸了并不是核爆炸而是内部塌落溅出的浆液，因为太阳比较大，塌落度是几万几十万的落差；太阳的起初是长方形无从考证，太阳是后来叠加的还是生出来就那么大，地球是后来才有的水，因为平面的地出现了沟，地球是层层叠叠的，层层叠叠代表着地球的年轮。太阳系的上下方薄 圆盘之处远 就是因为太阳的上下方没有光照，而赤道照给远方的光远

一个来自附近超新星的冲击波会通过压缩分子云中的物质并导致某些区域在自身的重力下坍缩，从而触发太阳的形成。当分子云的其中一片发生塌缩，它也开始因角动量守恒开始旋转并且随着高压升温。大部分质量集中在中心而剩余的则平展成一个圆盘进而演变成星球和其他太阳系天体。分子云核心内的引力和压力在产生大量的热量并且从周围的圆盘累积更多的物质，最终引发核聚变。

恒星演变是一个恒星随着时间的推移变化的过程。它的寿命范围可从最小规模的几百万年道到最大规模的几万亿年不等，这取决于恒星的质量。这其实比宇宙的寿命长很多。该表显示了恒星的寿命作为其质量的作用。所有的恒星都是由坍缩的云的气体和尘埃形成的，这种云通常被称为星云或者分子云。经过几百万

年的时间推移，这些原恒星稳定下来进入一个平衡的状态，变成了所谓的主序星。

太阳系几大行星都是从太阳分裂出去的，地球就这样随着太阳逆时针旋转。最开始地球上是没有生命的，整个大陆是一体的，直到一颗巨大的游离在太阳系外干冰星体被引力拽入后与木星发生了大碰撞，其中两块碎星体垄击了火星和地球，着巨大的撞击与星体碎块爆炸导致了两个大气层的急剧变化，其中火星大气层极度降温，而地球大气层极度高温，各种空气份子蒸发到了大气层中，从太空俯瞰地球，地球就像是现在的木星一般，剧烈的大气层活动，对流层不停的爆发雷电，闪光。巨大的电流连成了闪电网，强大的电磁爆整整持续了上亿年，这种环境下完全强化了地球磁场，使地球外部形成了一个超强大的磁场，抵御了太阳风暴的影像，也为地球生命孕育提供了宏观的保护。相反，虽然火星也经历了大气层的变化，但是火星的降温导致火星没有产生强大磁场，反而形成了一个表面坚硬的冰体星球。火星真正的名字应该叫冰星。

金星

为什么金星会形成浓密的大气层：早期在金星表面上可能有海洋，但是因为某个或者某几个事件导致金星的地表温度不断升高，于是水分开始被蒸发了，这些水蒸气一旦进入大气之中，便会形成一道屏障，并且不断吸收热量，把整个金星像焖了的虾一样，高热量，同时有没有隔热层，使得岩石表面中的碳开始被剥离出来。在紫外线的作用下，水分解为氢和氧，氢会逃离金星而氧不会，因此，氧会和碳形成著名的 CO2，由于金星的大气中没有什么东西可以吸收产生的 CO2，它们就会留在大气之中，而这又会导致更严重的温室效应，将温度进一步升高。因为温度进一步升高，从而导致了更多的碳释放，形成更多的 CO2，这也就是为什么金星大气中存在着大量的、浓厚的、密集的 CO2 的原因所在。太阳的力扇动的金星的气 压动着金星翻转的，看金星大气是乱的就是说明两力相交了，没有太阳的力金星也会是地球一样转动的也会有卫星的，现在是金星的自转力没有，所以他就没有吹动卫星的力。

如果金星是一颗类似地球的宜居行星，会有什么样的结果：金星离地球最近的地方有 3800 万公里远。这是最接近地球的行星。金星离地球最远的距离是 2.61 亿公里。然而，让我们假设金星在某一时刻变成了地球，并且足够接近太阳系的"宜居带"。由于金星是太阳系的第二颗蓝色大理石，以下情况最有可能发生：政治和经济各方面将疯狂地资助太空组织未来的金星任务。金星是一个潜在的居住地，可以让人类建立殖民地，可能减少人口过剩现象。如何确认除地球以外星球存在生命的可能，复杂的生物最有可能在海洋中存在。火星会得到较少的关注，因为金星现在是人类定居的更可行的选择。金星上存在的自然现象将被仔细研究，并与地球的现象进行比较。如果它们的化学成分几乎相同。金星上就可能存在类似地球上的生物。金星最终会和地球有相同的属性。

实际上，这永远不会发生。金星必须摆脱厚厚的温室气体，并且需要远离太阳。最关键的问题是，如果一颗行星靠得太近，它们的轨道就会变得不稳定。它可能会因为潮汐力，星系崩溃或使各星球被撕裂。金星自转缓慢，太热，没有液态水，化学性质与我们地球不同。即使与地球轨道共享，它仍然依旧是金星。这就是它的组成。

当月球形成时，它的形成距离地球更 (并且从那时起一直在慢慢远离地球。在很长一段时间里，它引起了几百或几千英尺高的潮汐，产生了许多混合的影响，这些影响很可能刺激或加速了进化的发展。如果金星没有一个大的月球生命，很可能仍然只是在原始细菌的状态。或者，那些巨大的潮汐抑制了地球上的生命，在这种情况下，复杂的生命可能形成得更早，在这种情况下，金星人可能在我们的生命还很原始的时候就先来到了地球。这很难说，但关键是这两个行星上复杂生命的进化可能以非常不同的速度进行。另一个问题是金星和地球上的生命是怎样相互作用的？地球上所有的生命，细菌，古细菌，真菌，植物，原生动物，动物，在化学上都是非常相似的。它使用了相同种类的遗传物质 DNA，使用了相同的遗传密码，使用了地球生命使用的蛋白质中的相同的 20 个氨基酸。假设生命是从金星开始的没有人能保证这些会被复制。也许其他的化学结构可以作为遗传物质，利用蛋白质以外的东西。即使它使用蛋白质，有许多氨基酸可以用来代替我们所使用的 20 种氨基酸。化学上两个独立形成的生物群可能是非常不同的，所以你不能吃金星的生命物质，因为你没有酶可以消化它的任何物质——即使它们不是有毒的。

如果复杂的生物进化了，这些生物会是什么样子？虽然不可能，但是看看地球上的生命，有三种大型多细胞生物；植物，真菌和动物。只有动物才会经常移动，而且很多动物也不会经常移动 (海绵动物、海葵、珊瑚)。金星上复杂的生物群可能不会进化成像动物一样的形式，而可能看起来更像植物。生命在太阳系的一个点形成，然后以碎片的形式在其他行星的周围迁移，在条件允许的地方扎根。这将仍然是非常原始的生命——甚至比我们的细菌还要原始，而且可能使用 RNA 或其他更简单的核酸，而不是 DNA。因此，地球上的生命和其他行星之间的差异仍然是极端的。

金星最奇怪的事实是：金星作为质量和地球相似，公转轨道和地球相近，成分和地球相似、内部结构和地球相似的行星，和地球比，不相同的地方，都可以称之为奇怪的：

1、金星是八大行星里唯一没有磁场的；

2、金星自转周期比公转周期长，而且方向是反的；

3、金星表面温度 400 多度，大气压强是地球 90 倍。

目前还没有人知道是为什么，事实上，即使是地球为什么有磁场，目前也没有定论。，以前认为是太阳的潮汐锁定效应导致，现在觉得，至少还得有一颗相当大的小行星撞击金星才能足够给金星自转减速。那么，作为地球以内的行星，被大星体撞击这件事，让人十分后怕的，因为地球很明显更容易被撞击。

不可思议的天文学观点：

- 金星以自己不疾不徐的速度自转，一次完整的自转周期需要二百四十三个地球日，而绕太阳一周则需要二百二十五个地球日，也就是说金星上的一天比一年还要长。

- 在我们的银河系中有成千上万个黑洞，其中有数百万个黑洞都分别与一颗恒星相配对，但也有近一万个黑洞则是完全孤立的，黑洞是不可能被发现的，因为光无法穿越黑洞，所以天文学家只能借助 x 射线或透过黑洞的引力来追踪到黑洞。

- 你可以看到日食是因为即使月球比太阳小四百倍，它和地球的距离也比太阳到地球的距离近四百倍，所以它能够完全遮掩住太阳，但是在五千万年后，因为卫星轨道的改变，月球可能就无法完全遮掩住太阳了。

- 太阳系里最高的山是火星上的奥林匹斯山，其高度为地球上海拔最高山峰珠穆朗玛峰的三倍，如果你站在奥林匹斯山的山顶的话，你大概不会知道自己正站在一座山上，因为它的坡度被整个隐藏在火星地表凹凹凸凸的曲线下。

- 外太空并非完全真空，它不仅包含恒星和行星，里面还含有星际尘埃，太空等离子和宇宙射线云。

- 如果两块同一种金属的物体在太空中接触，它们就会彼此吸住，彻底连接起来，由于水和空气会把两块物体给分开，所以这在地球上并不会发生。

- 国际太空站上的宇航员不用脚走路，它们基本上是四处漂浮着的行动，所以在太空上，它们脚上的肌肤会变得非常柔软，并开始脱落，这就是为什么他们脱袜子时得非常小心，否则皮肤细胞就会脱落下来，并漂浮在几乎零重力的环境之中。

- 月球上的地震或者更准确的说是月震并不只是科幻小说里

的情节，虽然不像地球上常有地震，但当月震发生时，它的震心会在离卫星中心更近的地方，月震是由地球和太阳的引力所造成的。

- 在宇宙最黑暗的区域是非常寒冷的，大约只有 -270℃，但如果你身在阳光照射着的地球轨道上的话，你就会明白灼人的 121℃是什么感觉，这就是为什么宇航员的太空服是白色的原因之一，因为这种颜色最能反射来自太阳的热量。

- 月球岩石的侵蚀速度非常缓慢，每一百万年只会侵蚀一毫米，这就是为什么阿波罗号的宇航员在月球留下的脚印可以在月球上达一千万到一亿年之久。

- 太空不应该是黑色的，毕竟里面到处都是星星，星星不是该照亮周围的一切吗？但其实不是你随便看都能看到星星的，因为有些星星存在的时间还不够长，所以，它们所发出的光还没来得及抵达地球。土星的另一个卫星土卫八则有独特的双星，这颗卫星的两个半球间的差异令人惊讶，它一半是亮的，另一半则是暗的。

- 太阳系里的所有行星都可以在塞进地球和月球之间后还留有许多空间。

- 土星不是唯一有光环的行星，气态巨星天王星，海王星和木星都有自己的光环，只是它们的光环薄的几乎看不见而已

- 木星最有名的一点就是大红斑，这是一个巨大的旋转风暴，这个风暴过去曾经非常巨大，大的可以容纳两颗，甚至是三颗地球，但大红斑如今正在缩小，现在它只能容纳一颗

地球而已。

- 木星上的海洋比太阳系中任何其它星球上的海洋都还要大，但与地球上的海洋不同，它可不是由水所构成的，而是由金属氢所构成的，其海洋深度更有惊人的 40234 公里深，这几乎和地球的圆周距离一样。

- 金星因其强劲的风而臭名昭著，在云顶其风速比行星自转速度还快五十倍，这狂暴的风不仅从未止息，更随着时间演变而越来越强劲。

- 火星上的水手谷是太阳系里最大的峡谷，比地球上的大峡谷还大十倍以上

- 冥王星上的低温火山有时也被称作冰火山会喷发出冰或者更确切的说是水冰和冻结的氨氮与甲烷的熔化混合物。

月球

都知道月球围绕地球转，假如地球的公转自转都没有了，地球还会围绕太阳转吗？月球还会围绕地球转吗？地球的公自转都没有了，月球是不会围绕地球自转的。月球的环形山不是陨石撞击出来的，是地球从我们这面用力鼓动的月球这面向月球对面鼓起来的，如果，时间能够倒流。我们农村有见证小时玩泥扣玩，用泥做一个泥窝，向下扣后上面出现一破洞 这个破洞就是环形山，所以这就说明陨石的错误论，陨石坑是被主星的气体鼓动起成的，冥王星与其卫星卡戎就是例证。

月球确实是经过改造，也是空心的，也有外星人驻扎在上面。不过外星人只是地主家的护院狗腿子一类，存在目的是保证地球

人类不会非正常灭亡。人类灵魂确实重要，但外星人还没有能力使用灵魂力量，这不是他们能涉及的领域。太阳系和地球也是被改造过的，可以参考电影《楚门的世界》。但改造的目的是为了让人们的本性充分暴露出来，好筛选出有资格、有意愿、有能力的人，好让他们领导宇宙各民族拥有更辉煌的未来。

如果没有月球会产生什么后果：地球可以没有月球，但没有月球的地球生命必定遭受灭顶之灾。

月球对地球自转轴起到至关重要的维稳作用，四季更替确保气候长期稳定使得生命可以按部就班地存活几亿年。一旦没了月球，气候的剧烈变迁是足以毁掉一切对生存条件非常苛刻的高等生物的。最经典的反面教材就是火星，因为缺乏大卫星的潮汐作用帮助，所以说现在火星上存在四季现象只是暂时的。月球是控制潮汐的主力，月球一消失，海水瞬间涌向直面太阳的正午线，短期内全球性海啸不可避免。如果十几亿年前就没有月球，只有太阳引力形成的潮汐规模会小得多。对于从海洋过渡到陆地生存的地球生命而言，作为过渡带的潮间带更小，生命演化到陆地上要花费更长的时间甚至不可能。但总之，人类这样的高等智慧生命极有可能不会出现。当然，月球对地球的引潮力作用有限，只能让流体的海水上升约 2 米左右的高度。但太阳系其他卫星就没那么幸运了。木卫一艾奥被木星巨大的引潮力撕扯，使得固态的岩石层形成了高达 100 米的垂直变形，致使木卫一火山活动频繁。欧罗巴木卫二稍微好些，但也被撕扯出高 30 米的冰层垂直变形，导致内核活跃而融化内部的冰形成冰下海洋。月球凭借强大引力清空了很多地球附近的小行星，没了月球，地球被小行星撞击的可能性肯定会增加，不信你去看看月球满是环形山的背面吧。地球能免受小行星撞击主要是依靠厚厚的大气层，月球所能起到的庇护作用其实是有限。而且现在早已不是太阳系形成的早期，天体撞击的发生概率相比于五十亿年前小很多了。平心而论，在阻击来自外太阳系天体但是月球这么大质量的卫星一旦炸开，会很快形成像土星环那样的行星环，大量的太空碎片被地球引力吸引撞向地球，恐龙时代终结的悲剧重演。

想纠正下大家长久以来的误区，月球是个小天体。诚然，和行星相比月球确实小，但如果和卫星矮行星相比，月球却可以说是巨人般的存在了。质量排行第五，和泰坦土卫六以及四个伽利略卫星几乎平起平坐。而且和其他由一半水冰一半岩石构成的大卫星不同，月球是太阳系唯一在冰冻线以内的大卫星，这意味着它大部分是由岩石构成，密度偏高（太阳系密度第二高的卫星）。因此相比于比它大的卫星，它在质量上毫不逊色。可以说地球福气不浅，一颗小小的岩石行星却能获得气体巨行星才能拥有的大卫星。正是因为月球显著的引力效果，才给地球带来了生命的可能。人类目前还没那么大的力量去推动像谷神星这么大的天体。流浪地球里的行星推动器看看就好别当真。而且谷神星质量太小了，大约只有月球的 1/50，对火星质量的增加助益聊胜于无。而且谷神星在送往火星的路上水冰会一路消耗（离太阳越来越近），送到火星时肯定也变小不少了。

为什么我们有时候我们看到大的月球会变成红色月亮：月球在绕地球公转的过程中，有"阴晴圆缺"的月相变化，当农历十五时，我们就会看到一轮圆月挂在天空中，散发着迷人而皎洁的月光。

我们发现，月光的颜色会发生变化，有时候看起来月光偏白，而有的时候我们发现月光偏红色，这是为什么呢？我们知道，月球自身其实不会发光，月光其实是月球反射的太阳光，所以我们可以先来看看太阳光的颜色变化。太阳是太阳系中唯一的一颗恒星，通过自身内部的核聚变反应可以源源不断的向外以电磁波的形式向外释放能量，太阳辐射是全波段的电磁波，包括紫外光、可见光和红外光，而我们人类只能看到可见光部分，可见光由波长由长到短的"红橙黄绿青蓝紫"等七种光组成，七种光混合起来就是"白光"。但是，我们发现每当日出或者是日落的时候，我们看到的太阳好像是红色的，太阳光也偏红，原因是因为太阳光在到达我们的眼睛之前会先经过大气层，而波长较短的蓝色光和紫色光比较容易被大气散射，当日出或者日落的时候太阳光经过的大气层路程就较长，从而有更多的蓝紫光被散射，使得太阳光呈现出了红色，我们看太阳也就红彤彤的。那么，我们看到的月光是月球反射的太阳光，所以也可以看成是白光，月光在经过大气层的时候，蓝紫光同样会被大气削弱。也就是说，在月亮刚升起或快落下时也会看起来有一些偏橙色，也有点偏红色，不过不是特别明显。不过，当月球发生月全食时，此时太阳光被地球挡住，不能直接照射到月球表面，但是波长较长的红光被地球大气层折射而照射到月球表面，然后再反射到我们眼中，从而我们就看到了"红色月亮"。

有很多人都认为月球既然被地球锁定，就不会动了，因此没有自转。在我们世界，存在这一个相互影响的运行系统，地球围绕着太阳转，月亮围绕着地球转。但这几个天体公转轨道并没有在一个平面上，所以就出现许多奇异的自然现象。我们人类把地月公转自转的轨道称为白道、赤道、黄道。白道就是月亮围绕地球公转的轨道平面。地球自转球面轨道最长的那条线叫赤道，地球围绕着太阳公转轨道平面叫黄道。白道和赤道、黄道并不在一个平面上，有一定的交角。自古以来，月亮就有许多迷人的神话传说，我们天天看到的月亮都是一个样子，没有科学的时代，老人们指着如今被称为月海的阴影部分说：那是一颗桂花树，月宫里有嫦娥和玉兔，还有吴刚酿的桂花酒。这就是月球被地球潮汐锁定的结果，也就是月球总只有一面向着地球，看起来就不转了。其实它的自转并没有停止，只是与公转同步了，自转得很慢啦。我打过一个比喻，男女舞伴跳舞，脸对着脸，可以视为双方互相潮汐锁定，然后男的转了一圈，女的不也转了一圈吗？如果把男的比作地球，女的比作月球，地球和月球不是都转了一圈吗？

我们可以想象一下，如果月球不自转是个什么状态。在太阳系，太阳相对我们这些行星是相对静止的。所谓没有自转的星球就一直一面向着太阳，一面背着太阳。其实被太阳潮汐锁定的星球也是在自传，只不过是围绕着太阳公转一圈，同时也自转一圈而已，这个自转就更慢了。如果月球被太阳潮汐锁定，永远一面向着太阳，相对地球就没有自转了。这种情况下，我们地球看到的月亮是什么样子呢？我们也可以想象链球运动员扔链球时转圈的动作，月亮被地球引力潮汐锁定，链球被运动员的链条锁定，永远是被拴着链子的那一面面向运动员，因此运动员就永远只看到链球的一面。如果这个链球不是跟着运动员自转，而是一直向着被扔出去的反向，这个链球就会在运动员面前旋转，它的一面永远面向前方，而围绕着运动员转一圈，运动员就可以看到链球转一圈。

　　我们也可以回到前面的舞伴，如果女舞者没有自转，脸一直向着舞台歌者，那岂不是在脖子上打转转？男舞伴转一圈岂不变成了围绕着女舞伴的头转了一圈，从正面看到后脑勺，又转回脸面？那么，我们能看到月亮的后脑勺吗？不能，充分说明月球被地球潮汐锁定后，其自转与公转完美的一致，公转一圈，也自转一圈，严丝合缝，就是不让你看后脑勺。

小行星带

　　这些小星星是由一颗比较大的行星被撞击形成的，或者它自身发生了爆炸而形成了今天的残余物。有几个特别大的残余物，由于质量比较大，在后来的运动中达到了自身的流体平衡，所以成了球状，典型的如谷神星。 跟这个观点类似的观点是，这个位置上本身就有好几个如谷神星大小的天体，他们之间发生了碰撞，就成了今天的样子。

　　导致这些小行星带间隙的原因是两颗行星的碰撞，造成了外来星球和泰坦星的分裂。碰撞后，外来星球和泰坦星分裂成很多块，但外来星球破裂的大部分被太阳系能场所控制而形成太阳系的大椭圆轨道行星和部分大小慧星。留在泰坦星原轨道的分裂物质，小的形成了小行星带，大的形成了水星、金星、地球、火星。

　　为什么火星和木星轨道之间，会出现总数超过 50 万颗的小行星带？宇宙是一个既神秘，又极富有规律的存在，人类对于宇宙的认知非常有限，但是这有限的认识就很有规律性，所谓大道至简。我们发现宇宙有两大基本特性，一是宇宙是物质的，也就是宇宙是有物质组成的，组成宇宙的各类物质我们称为天体；二是宇宙是运动的，组成宇宙的天体都处在不断的运动之中。

宇宙中的各类天体相互吸引、相互绕转而组成不同等级的天体系统，我们发现不管天体系统的等级高低，其运动的基本形式都是一样的，那就是做"绕转运动"，月球绕着地球转，地球绕着太阳转，太阳系绕着银河系中心转，至于银河系绕着什么转，就不清楚了，不过肯定也是在做绕转运动。在太阳系中，八大行星几乎在同一平面上，以相同的方向，以椭圆的轨道绕着太阳做周期性运动，几乎是一种完美的运动形态。但是，在完美的八大行星绕日公转画面中好像有一些不协调的因素，那就是位于火星和木星轨道之间不是存在着一颗大行星，而是一个小行星带，里面存在着无数的小行星，估计其总数超过 50 万颗。由于该轨道位置距离木星太近，而木星的体积和质量巨大，由于受到木星重力作用的影响，使得物质很难形成巨大的行星。

为什么行星几乎都是球体：所有行星的共同点就是，围绕着位置固定的天体运行，有时会消失不见，一段时间之后又重新出现在天空中。21 世纪初，人类在遥远的柯伊伯带中发现了很多类行星的天体，于是，国际天文学联合会怕混淆概念，误导群众，为此正式定义什么叫【行星】，必须满足三个条件才算是行星（严格来说是太阳系的大行星概念）—— ①行星必须是绕着太阳运行的天体；②行星引力能够使得自己的体型变成球体；③行星体积足够大，大到能够清理门户，清除自身轨道中的各种残骸。所有物体都有自身引力，向中心方向拉扯的引力。 不管是你的身体，桌上的香蕉，还是我们的地球、月球，只不过前两者自身引力太小太小，我们根本觉察不到，但后两者正是决定自身体型的根本原因。多说一句：为什么？这是因为质量越大的物体，产生的引力就越大，不管是自身引力还是物体间的引力。因为引力大小，其实是时空弯曲程度。行星的自身引力，就像车轮子一样，压力都指向中心。至于说小行星带、柯伊伯带里，那些长得跟地瓜、土豆似的小行星小天体们，之所以能长成那样，最主要原因是天生的——自身引力太小了，无法变得更球些。

为什么有小行星带/绕星光环？小行星带是受木星引力影响，没形成大行星的残骸们，它的密度很低，在宇宙空间里就像太平洋中只有几条鱼，相撞的概率很低。光环大多是卫星因为某种原因碎裂形成的，相对于小行星带来说，密度还算很高的，所以其中的微粒是会经常碰撞。但因为大多光环都在行星的洛希极限内，所以很难聚合形成大的天体，行星的引潮力会把大天体撕碎。

小行星带和柯伊伯带的存在有什么共同特点：柯伊伯带是太阳系早期星云的残渣，太阳系形成理论上因为太阳星云冷却分散出了。然而柯伊伯带距离如此远。所以柯伊伯带后面没有大型天体。因为海王星引力将一些小行星甩了出去久而久之形成了柯伊伯带。同时海王星的引力也影响这柯伊伯带的小行星轨道，使其无法聚合。这和木星引力对小行星带是一个道理，只不过海王星在柯伊伯带前面。另外柯伊伯带面积大，天体分散，天体构成等原因也使柯伊伯带无法聚合。

土星

现土星环不是在土星的两极出现，土星环就是土星转动的气场表现，土星环总是在赤道上，赤道变位，环也会变。为什么很多人害怕木星和土星？因为木星和土星的体积太大了，分别相当于 1321 个地球和 750 个地球，很有压迫感。木星的自转非常快——不到 10 个小时就能自转一周——所以当我们看到木星表面的大红斑时，它可能已经转到背面去了。如此快的自转速度也使得木星的赤道地区明显要比两极地区更「胖」一些。作为所有环绕着太阳运行的行星中最大的一颗，木星比其他所有的行星加起来都还要大，木星是有光环的，事实上，太阳系外侧的 4 颗巨行星都有光环。与土星那个由冰组成的光环不同，木星的光环是由尘埃组成的。作为太阳系中最大的行星，木星产生的引力也是最强的。有关它在太阳系形成的过程中起到了什么样的作用仍有许多争论，我们知道的是，木星与后期重轰炸期的那一系列发生在内太阳系的猛烈撞击脱不了干系。

和木星类似，厚厚的云层下面是金属氢。原因有两点，一是注意看氢在元素周期表中的位置，它属于第一主族元素，除了它，其余的全是活泼金属。第二点，在土星的高压环境下，原本不显现金属性质的氢，被压成了类似水银那样。这种情况只能是在气态行星高压的环境下才会出现。在金属氢的下面，是很小的固态核，密度很大。你是否有过这样的体会：当你感觉身体有些失衡，感到自己正在缓慢倒下，却无能为力？土星也深有体会行星形成的气体在其轨道平面上旋转。在没有任何干扰的情况下，每一个都应该以直角指向它们围绕太阳的路径。现实更加混乱。行星赤道与其轨道面之间的夹角称为倾角。水星、金星和木星的行为与预期一致，倾角值只有几度，使得它们几乎没有季节更替。每一次倾斜的原因和行星本身一样都是独立的，土星，为太阳系八大行星之一，至太阳距离位于第六、体积则仅次于木星。并与木星同属气体巨星。古代中国亦称之为镇星。土星是中国古代人根据五行学说结合肉眼观测到的土星的颜色来命名的。土星的卫星繁多，大者有比水星更大的土卫六，小者有不足一百米宽的小卫星。除此之外，还有上百万颗微型卫星以及由无数细小颗粒所组成的土星环系统。有七颗卫星的质量足够大，其重力足以使其坍缩成近球体形状，不过只有土卫六达到流体静力平衡状态（土卫五也有可能）。土星的某些卫星有着独一无二的特殊地理。土卫六是太阳系第二大卫星（仅次于木卫三），而且有着类似于地球的氮大气层、液态碳氢化合物的湖泊、河流和降雨。土卫二的南极地区会喷射出气体和尘埃，其表面之下很可能有液态水海洋。土卫八的表面则分为黑白两个半球，颜色呈鲜明对比。

水星有一个大得和它的尺寸不相称的核。看起来这颗行星的外壳被剥掉了一层。太阳风把气体和尘埃向外吹，这里形成一个物质比较集中地区域。这里聚集了大量的氢和氦。固态的尘埃也不少。这里刚好在太阳系的雪线之外，水可以以固体形态（冰）存在。这些冰的存在使原始行星核能够快速涨到地球质量的数倍，获得足够的引力去吸引氢和氦。在这个远离太阳的地方，物质运动速度比较慢，也让凝聚变得更容易。木星的形成过程是这样的。首先是固态的尘埃和冰凝聚成一个约是地球质量数倍的核，然后以这个核为中心吸附气体。吸附过程中会形成和黑洞相似的吸积盘。土星的形成过程也一样，但是由于物质不够多，就比木星小了一号（地球质量的 95 倍）。但是它的体积却高达木星的 60%，所以它是太阳系中密度最小的行星。常常可以看到这样的说法，如果把土星放在水里，它会漂起来。柯依伯带包含很多未能凝聚成大行星的碎片，包括冥王星。它们也是在木星以内的位置形成的，在太阳系的早期被大行星的引力抛了出来。当海王星被抛出来的时候，扰乱了柯依伯带的轨道，让这些小行星继续向外迁移，达到了今天的位置。我们头脑中的太阳系形象一般是各大行星在自己的轨道上相安无事地围绕太阳公转。但是，在百万年或者亿年的时间尺度上，行星的轨道一直都在变化，这是行星之间的引力相互作用造成的。比如，火星轨道的偏心率一直在增加。50亿年后，将会和地球轨道交叉。到时候很有可能上演一幕火星撞地球的灾难片。水星轨道的偏心率也在增加，所以它受到金星引力影响也在加大，最后的结局可能是撞上金星或地球。

土星内部结构类似木星，有一个小岩石的核心主要由氢和氦包围着该岩石的核心成分类似地球，但密度稍微大一点。在它的外面有一个较厚的液态金属层其次是一层液体氢和氦，由于土星表面温度较低而逃逸速度又大，使土星保留着几十亿年前它形成时所拥有的全部氢和氦。

关于土星的一些有趣的观点：

- 土星并不是唯一有环的星球。木星、天王星、海王星都有环，尽管它们的环比土星的稀薄，也没有土星环那么壮观。
- 风在土星大气层中大约以速度穿行比在木星要快
- 土星与木星是相对的。木星与膨胀有关，土星与收缩有关。土星与边界，实用性，真实性，以及社会结构建立有关。

- 作为一周的七天，土星是以星期六命名的，土星是远古时期太阳系中已知的七个天体中最远的一个。

- 土卫六作为土星最大的卫星，是唯一已知的拥有实质大气层的卫星。

- 行星在赤道隆起，两极是平的。它是太阳系中最平坦的行星。事实上，土星的旋转速度比除木星以外的任何行星都快。

- 土星的天气比太阳系中任何行星都要多样，究其原因，土星的气候是由其内部条件决定的而非太阳。其原因是土星离太阳远，热量从内部产生。

- 土星被认为是太阳系中最美丽和神奇的行星之一。虽然两极和赤道之间存在一些温差，但差距不大。这是因为土星的热量不是来自太阳，而是来自它的内部。

- 土星的大气压力比地球大气压力大。其压力之大不但可以把气体液化，也可以粉碎任何人造航天器。土星释放的热量是其从太阳吸收热量的两倍多。当氦通过地球深处的液态氢缓慢下沉时，土星会产生热量。

- 闪电在土星上很常见，但不同于地球上发生在云层和地面之间它们发生在云层与云层之间。

- 因为土星倾斜旋转所以它有季节。土星上的夏天持续时间长。卫星上有地下海洋，甲烷湖，或许有生命的迹象…那是土星。

- 土星环非常大非常宽，但是它们也非常薄，事实上，它们的厚度小于足球场的长度。做个比较，如果土星是一个篮球的大小，它的环将只有大约一个人头发几百分之一的厚度。

- 土星的光环由数十亿块岩石和冰块组成，大小从一粒沙到像房子一样大的碎片。他们有一种神秘的红色 " 污染物 "，可能是生锈的原因，或者和地球上红色蔬菜中的有机物质一样。

- 土星的卫星土卫六是一个非常嘈杂的地方。土卫六的厚空气能急速地传导声波致使风声非常大。

- 土星是唯一一个密度比水还低的行星土星是太阳系中密度最小的行星，如果把土星放到足够大的盛水容器中，它将漂浮。相比之下，地球和水星以最快的速度下沉。

- 土星被称为 " 肉眼可见 " 行星，因为不用望远镜或双筒望远镜就能看到它。土星通常是夜空中第三亮的行星，颜色微黄不闪烁。类土行星与恒星不同，它们不闪烁的原因离地球更近。

海王星

海王星上的巨大风暴成因有可能是什么？第一，在海王星大气深处，存在一个巨大的高压涡旋系统。这个涡旋系统使得大气深层温暖湿润的甲烷气体上升，当上升到可以使甲烷气体冷凝的高度时，形成甲烷的冷凝云，也就是我们看到的结果，海王星大气上风速随纬度的变化非常大，因此出现了横跨这么多纬度的亮云，肯定会存在把它们聚在一起的力，比如高压漩涡系统。顺便说一下，这次的发现有可能是海王星大气的季节性天气变化，毕竟海王星的公转周期有一定时间，人类对海王星的成像观测也才几十年而已。

　　海王星的风为什么是整个太阳系（除太阳之外）最厉害的？海王星自转一周的时间是 16.11 小时，而它的云层需要 20 ～ 22 小时才能绕海王星赤道运行一周。这样，海王星星体的旋转与大气的旋转形成错位，从而造成了风暴迭起的现象，而这种产生风暴的原因，与太阳的热力是无关的。补充一点，风暴巨大是类木行星和冰巨星的特征，太阳系外围四个大行星都有这种特征。海王星大气层主要由密度小质量轻的氢，氦和微量甲烷构成，没有固体表面，因此对风暴阻力很小，热量传递由于强对流的关系速度很快。为什么 NASA 不把精力从火星转一些到木卫、土卫、天王星和海王星上去呢？ 因为缺同位素燃料，木星、土星、天王星、海王星等离太阳太遥远导致阳光太微弱，例如在土星轨道阳光强度差不多只有地球的 1/100 因此难以使用太阳能电池供电。只能采用核能，目前太空中使用的核能有两大类 1. 核反应堆。2. 放射性同位素发电机，也就是俗称的核电池。前者因为种种原因还没在深空探测中实际应用，只有苏联的雷达型海洋监视（间谍）卫星使用过，出过多次事故，技术比较复杂、不适合小型航天器。后者倒是用的很普遍，很多著名的探测器例如旅行者（航海家）、卡西尼、新地平线、好奇号火星车等都用，然而现在其核燃料——钚 238 比较稀缺。这是因为以前冷战时期大量生产核弹，制取钚 239 时顺便提供副产品钚 238，冷战结束后就失去相对廉价的来源了。从高放射性的核废料里用同位素分离提取钚是危险而昂贵的工作。当然现在 NASA 跟美国能源部已经着手重新生产钚 238，然而目前产量还是太少。所以想去更遥远的地方没电源只能把重点放火星了。另外现在太阳能电池效率的提升已经能让木星使用太阳能了，朱诺号和还没发射的木卫二多飞掠任务（木卫二快船）都是，不过木星有强辐射带，太阳能电池在木星磁场俘获高能粒子导致的强辐射带下容易老化，没核电源耐用。所以核电源在外太阳系还是必不可少。

为什么冥王星会被踢出九大行星？冥王星是第一个被发现的柯伊伯带天体，所以被当为大行星。而柯伊伯带还有很多和冥王星差不多大小的天体，如后来发现的阋神星甚至比冥王星还要大。也就是说，如果人类先发现其他天体的话，可能第九大行星就不是冥王星而是别人了。受制于当时的观测技术，一开始以为冥王星和地球一样大，后来发现它的半径还不到地球的 20%，而且轨道还不严格在海王星外，有时候会钻到海王星轨道里面潇洒走一回。按照新定义的术语，地球，火星，木星和海王星都将与小行星共享其轨道，因此也将被排除在外。如果这样的话，所有大型球形卫星，包括月球，也应视为行星。所以很多论点都属于谬论。

彗星

彗星作为一类天体来说，脾气显得比较暴躁。它们沿着椭圆形轨道从太阳系的边缘向着太阳猛扑而来的时候，冰冷的星体因为快速接近太阳而急速升温，星体表面液体迅速蒸发同时混合着尘埃被太阳风吹向反方向，这就是彗尾。彗尾反射的太阳光产生壮观的景象，能够在夜空持续数天，数周甚至数月，熠熠生辉。

彗星通常具有极高偏心率的椭圆轨道，它们的轨道周期范围很广，从几年到几百万年不等。短周期彗星起源于海王星轨道之外的柯伊伯带或更远的离散盘。长周期彗星被认为起源于遥远的奥尔特云，奥尔特云是一种球体状的云团，其范围可以从柯伊伯带外部延伸到最近的恒星之间。长周期的彗星会由于恒星的经过和银河潮汐引起引力摄动的缘故。双曲线轨道运行的彗星可以穿过内太阳系，然后由于强大的引力作用而被甩到星际空间中去。彗星的外观被称为幻影火幽灵。彗星与小行星的区别在于彗星的中心核周围存在一个延伸的、不受重力约束的大气层。这种大气层的一部分被称为彗发和彗尾。然而，已经多次靠近太阳的已经灭绝的彗星几乎失去了所有挥发性冰和尘埃，可能会像小型小行星一样。小行星被认为与彗星的起源不同，它们形成于木星的轨道内而不是外太阳系。主带彗星和活跃的半人马小行星的发现，已经使得小行星和彗星之间的区别变得非常模糊。

彗星为什么会发光：它的表面是什么呢：简单点就是彗星上的物质被太阳光照亮了，所以我们就能看见彗星了。彗星的核心亮度主要在于彗发彗尾而非彗星核。彗星的表面就是彗核的表面，其彗发就相当于彗星的大气层。彗核主要由水冰、冻气体、岩石融合在一起组成的，彗核表面反射太阳光非常低。彗星是一个冰冷的小型太阳系天体，当它靠近太阳时，彗星便会开始升温并释放大量的气体，这个过程。由此会产生可见的彗星大气层，也就是我们常说的彗发，有时还会产生彗尾使得我们所见。这些现象产生的原因是由太阳的辐射压力和太阳风作用于彗星核造成的。彗星核的直径范围一般从几百米到几十千米不等，它们是由松散的冰，尘埃和小岩石颗粒组成的。彗发的长度可以达到地球直径的 15 倍，而彗星尾部的长度可以长达一个天文单位。如果彗星足够明亮，在地球上无需使用任何望远镜直接以肉眼就可以看见彗星的身影，并且在夜空中呈现出大约 30 度的弧形。彗发一般由冰和彗星的尘埃组成。水的母体分子主要通过光解离和较小程度的光电离被破坏。与光化学作用相比，太阳风在水的分解中起着次要的作用。较大的尘埃颗粒沿着彗星的轨道路径被遗留了下来，而较小的尘埃颗粒被太阳光压推离而进入到彗星的尾部。

彗星绕太阳没有和行星一样的轨道：是因为彗星是个长体 不是圆形是一种绕太阳运行、接近太阳时会产生弥漫的气体包层并往往出现发光长尾的小天体。通常彗星以它们朦胧的外形和极端扁椭圆的轨道区别于太阳系其他天体。

彗星通常具有极高偏心率的椭圆轨道，它们的轨道周期范围很广，从几年到几百万年不等。短周期彗星起源于海王星轨道之外的柯伊伯带或更远的离散盘。长周期的彗星会由于恒星的经过和银河潮汐引起引力摄动的。双曲线轨道运行的彗星可以穿过内太阳系，然后由于强大的引力作用而被甩到星际空间中去。彗星的外观被称为幻影火幽灵。彗星与小行星的区别在于彗星的中心核周围存在一个延伸的、不受重力约束的大气层。这种大气层的一部分被称为彗发和彗尾，是由太阳光压或太阳风等离子体从彗星中吹出的尘埃或气体组成的。 然而，已经多次靠近太阳的已经灭绝的彗星几乎失去了所有挥发性冰和尘埃，可能会像小型小行星一样。小行星被认为与彗星的起源不同，它们形成于木星的轨道内而不是外太阳系。主带彗星和活跃的半人马小行星的发现，已经使得小行星和彗星之间的区别变得非常模糊。

彗星的主要成分是冰雪，那么它在太空中几千万年为什么不会升华掉：彗星都来自太阳系的"雪线"外，那里太阳光照弱因此温度低，所以水冰、干冰等挥发物能长期留存。当这些富含挥发物的小天体轨道受到引力扰动进入内太阳系逐渐接近太阳时，太阳的热辐射导致这些挥发物升华蒸汽带着尘埃一起喷出，并且被光压、太阳风朝外吹形成了壮观的彗尾。可以说当彗星的挥发物全干了后就成小行星了，因为彗星和小行星的关键差别就是近日点是否喷发物质。好比活人都是有心跳一样，没心跳的是死人，当然也存在休眠彗星等的说法。有些天体既被认为小行星又有彗星特征，这就是太阳系中的半人马族天体。它们轨道类似彗星偏心率大，同时在近日点又会喷发一些气体尘埃，个头比一般的彗核大得多。

彗星为什么会发光：彗星上的物质被太阳光照亮了，所以我们就能看见彗星了。彗星的核心亮度主要在于彗发彗尾而非彗星核。彗星的表面就是彗核的表面，其彗发就相当于彗星的大气层。彗核主要由水冰、冻气体、岩石融合在一起组成的，彗核表面反射太阳光非常低。彗星是一个冰冷的小型太阳系天体，当它靠近太阳时，彗星便会开始升温并释放大量的气体，由此会产生可见的彗星大气层，也就是我们常说的彗发，有时还会产生彗尾使得我们所见。这些现象产生的原因是由太阳的辐射压力和太阳风作用于彗星核造成的。彗星核的直径范围一般从几百米到几十千米不等，它们是由松散的冰，尘埃和小岩石颗粒组成的。如果彗星足够明亮，在地球上无需使用任何望远镜直接以肉眼就可以看见彗星的身影。

彗星是一种怎样的存在：彗星是沿狭长轨道进入内太阳系的小天体，在靠近太阳时，受到太阳的加热，表面喷射出气体物质和尘埃，形成围绕彗核的彗发和长长的彗尾。在太阳系外层，除了硅酸盐类矿物尘埃以外，还有广泛存在的氢、碳、氮、氧等元素以固态甲烷、氨以及冰的形式存在。它们像尘埃等固体颗粒一样凝聚成小天体，稳定地绕日运行。这些小天体的公转周期非常长，以致于天体之间的碰撞过程并没有完全结束。有时候，一些小天体会受到引力扰动或者彼此碰撞，改变轨道远离太阳系，或是失去部分角动量进入内太阳系。当这些小天体走出寒冷的太阳系边缘，进入内太阳系时，原本稳定的结构随着温度升高开始变得活跃。膨胀的气体形成"喷泉"携带着灰尘碎屑四处喷射，形成短寿的"大气层"。彗发并非是靠彗星的引力所维持的，而是不断逸散的。飞逸的尘埃受到太阳风作用，向远离太阳的方向偏移，形成数千万甚至上亿公里长的彗尾。彗尾的长度可以超过地球到太阳的距离甚至更长，这使得彗星看起来成为太阳系内最庞大的天体。然而，彗发和彗尾都属于彗星的喷射物，就像超新星爆发时飞向宇宙各处的粒子流一样，严格意义上，并不属于彗星的一部分。当然，这并不妨碍彗星成为地球上肉眼可见的，最壮观的天文现象。一部分小天体在轨道改变后，获得了动能，损失了角动量，沿开放轨道远离或接近太阳。其中接近太阳的成为非周期彗星，它们会经历一次阳光的洗礼，经过近日点后远离太阳，经历漫长的旅程后，脱离太阳系，成为流浪天体。也有的彗星能量不足以摆脱太阳的引力，于是沿狭长的椭圆轨道绕日运行。每一次接近太阳，松散的彗星结构都会喷射出一部分物质，同时经历一番剧烈的"地质运动"。因此，周期彗星最后的命运往往是在某一次接近太阳后破碎、消解。太阳系内的行星也会影响彗星的轨道，特别是木星，其强大的引力改变了一部分彗星的运行轨迹，造就了一系列公转周期很短的"木星族"彗星。还有一部分彗星，会直接撞向大行星，在太阳系形成早期，类地行星多处于高温熔融状态，很难留住水蒸气，大部分水分子被太阳风吹到外太阳系。类地行星冷却后，太阳系外层的碰撞仍十分频繁，一些彗星把太阳系外层凝结下来的水带回内太阳系，一部分彗星在内太阳系消解，一部分直接撞击在行星上。这些水最终大都被行星捕获，成为类地行星上水的重要来源。

水在其他行星上是非常常见的，先从宇宙的视角看，宇宙中氢占百分之七十多，氧也是很常见的恒星聚变的产物，所以，宇宙中的水（冰）很多是很好理解的。然后看太阳系内部。先说外行星，别说木、土、天、海这四个大行星了，找一个它们的卫星，比如木卫二，上面的水冰就比整个地球上的水多了去了。木卫二和地球的水。四个大行星更不用说了。问题主要是内行星。虽然除了地球之外的内行星相对外行星干燥得许多，但是金星、火星所含的水（冰）也是不少的。先说水星，由于太靠近太阳，太阳辐射太过强烈，温度高，水星自身又没有大气层，水分子很容易被紫外线等太阳辐射破坏，氢就散逸了。如果把火星上的水冰化成水平铺在它的表面，可以达到大约 5m 厚，不算少了。火星上的水冰绝大多数藏在两极的极冠里，地表深处也有一些冰存在。在太阳系刚开始形成时，内外太阳系含水应该是差不多的。随着原始太阳形成，开始发光发热，内太阳系里的水开始被破坏，氢质量小，如果行星质量不够大就很容易逃逸，这样，氢元素逐渐被驱离内太阳系。在内外太阳系中间有一个"雪线"存在，大概就是火星、木星中间。现在水、金、火星缺水，其实就是缺少氢，氧是到处都有的。火星刚形成的几亿年里，上面的水是很多的，而且因为当时火星温度比现在高，形成了巨大的海洋，到现在还残存着水流的痕迹。那些水就是这样散失掉了。还有一个因素，就是温度。金星和火星就算是内太阳系的两个极端。行星系统里就是液态水能存在的区域。金星、火星上虽然还残存着一些水，但是因为温度的缘故，我们看不到液态水在上面流淌。金星上完全以蒸气存在，火星上又干又冷，不是蒸气就是水冰了。至于地球，一来恰好在宜居带里；二来质量够大，有自有的磁场，水分子被保护得比较好，即使被破坏了氢也不容易逃逸掉；而且还有彗星的补充，就保存了这么多液态水了 - 地球上所有的水平铺起来，可以达到几 km 厚！

陨星

陨石学说起源主要来至包括大行星破裂的理论，彗星起源，小行星起源。在火星和木星之间是一条小行星带，上面有成千上万个称为小行星的小行星。这些小行星中的大多数无法测量大小。发现的最大和最古老的小行星是谷神星。在研究陨石的矿物，化学，同位素，年龄和其他特征时，发现现有的陨石不是大行星的至少一个母体，而是具有不同组成，结构和演化历史的母体陨石。也就是说，在大型行星爆炸或爆炸之后形成漂浮在太空中的小行星。因此，大行星的破裂显然是不可持续的。一些短寿命的彗星将在 10 亿年内蒸发并"死亡"，小行星的形核为阿波罗。一些陨石来自剩余的原子核。大行星的破裂表明，有一个大行星，其小行星体内核心有一个镍核，外部为硅酸盐的一个外壳。行星爆炸，形成许多类型的小行星和陨石。

小行星的光谱和反照率特性与已知的陨石相似。小行星的矿物组成，结构和密度对应于几种陨石。对几种陨石的热电子和冷却速率的研究表明，几种陨石的半径远小于 350 km。作为陨石之母，小行星更适合。对一些陨石轨道的计算证明起源区域属于小行星带。许多小行星受到附近的火星或木星的阻碍。或由于行星之间的碰撞，一些碎片脱离原来运行轨道并降落在地球表面，形成了陨石。

以上是最客观，真实的。但是陨石是由行星的破裂产生的，然后由于某些客观因素而掉落到地球上。每年有成千上万的陨石降落在地球上，人类发现或发现的陨石很少，其中大多数落入无人居住的地区，河流和湖泊。人们发现此"宇宙访客"时，通常会问：你为什么陨落在地球？因此，人们对陨石有很多猜测或幻想。

日全食

当月球的阴影开始从中东移动到太平洋的时候，我们的白天就会变得像黑夜一样，并有漫天繁星相随。天空中会有一个空出来的洞，那是太阳所在的位置，外面有一层火焰般的环状物，也就是日冕。

日全食的发生将会富有历史意义，对日蚀的记录一直存在，最早的记录可以追溯到古老的美索不达米亚人所写下的壮观景象。那是在公元前 14 世纪，当时他们认为日蚀是种耻辱的象征，这也许也开始让埃及法老阿肯那顿信奉太阳的神明。

古代中国的占星师如果没能准确预报日蚀现象和预言皇帝的

运势将会丢掉性命，而他们的皇帝就是太阳的象征。历史上最早记录的一次特殊事件是吕底亚人和米迪亚人之间的一场战争。它发生在公元前525年5月28日，当时发生的日蚀现象使士兵们都放下武器，宣布停战。而日食现象到底是如何产生的？在发生日全食的时候，月球移动到了地球和太阳之间。这时，月球的身影会完全掩盖住太阳，虽然太阳体型远远比月球大得多，但这真的可能吗？太阳的体积比月球大400倍，不过碰巧的是，月球离地球的距离比太阳近390倍，两者体积上和与地球距离的差距会相互抵消，使月球和太阳看上去几乎一样大。每次月球绕地球转的时候都要花上27.3天，它都要穿过地球与太阳之间，这个阶段叫做新月。而每次月球经过的时候，新月都有可能挡住太阳。而大部分时候，月亮都只挡住太阳上部，或下部小部分区域。但如果两者完全重叠，月球的阴影就会完全挡住太阳光对地球的照射，而所呈现出的阴影就成为了日全食。就像进入黑夜的地球一样，日全食时的天空是全黑的，充满繁星。但如果月球完全遮盖太阳的表面的时候，它并没有盖住太阳的外部大气层，也就是日冕，它看上去有如火焰般的外环，笼罩在黑暗的月球周围。日食每年都会发生几次，但大部分都是日偏食。月球并没有完全与太阳重叠，而当月球完全与太阳重合的时候，月球通常会与地球离得太远，无法完全遮住太阳，这就变成了日环食。在日环食或日偏食发生时，天空仍然是亮的，即使是在罕见的日全食时，月球的阴影很有可能会投到海面，只有极少数人能看到。如果我们的祖先，在一亿年前的日全食时曾抬头看看天空，他们也许不会看到太阳外层的日冕，只看到一片漆黑。最终，月球会远离地球至一定程度，至完全遮盖太阳。这个过程对地球的漫长历史来说只不过是眨眼之间的事，这不过是月球刚好处在离地球合适的位置，形成了日全食，并使日冕露出来，当月球完全与太阳重叠而与地球距离正好的时候，它的阴影会穿越美国，如果你刚好与三者位于同一条直线时，你将会目击到宇宙中最为雄伟壮观的景色。但是，伴随其壮观景色的是极大的危害，只有使用特质的专门用来观察日食的过滤眼镜可以用来观看日食。日食现象也许会有损太阳的尊严，但即使是有失尊严的太阳也会刺伤你的眼睛。当地球的一部分被月球的阴影吞没时，月球的阴影完全或部分挡住了太阳光，日食就发生了。这种情况在太阳、月球和地球处于排成一线时发生。这样的排列与新月相吻合，表示月球最接近黄道面。日全食时，太阳的圆盘完全被月亮挡住。在日偏食和月食中，只有部分太阳被遮挡。

如果月球正处于离地球偏近的一个圆形轨道，并且处于相同的轨道平面，每个新月都将会有日全食发生。然而，因为月球的轨道比地球围绕太阳的轨道倾斜 5 度左右，它的阴影通常不会遮挡到地球。日全食只会在新月时月球离黄道平面足够近的时候才会发生。让两个事件必须有特殊的条件才能同时发生，因为月球的轨道每隔一个月在其轨道交点穿过黄道两次，而新月每隔一个月出现一次。因此，日和月食只在日月食季发生，导致的结果是至少有两次到五次，日食每年会发生一次，并且不超过两次，其中有一次会是日全食。

日偏食

其实普通人稍加想像也能明白：光天化日之下，你如往常一般漫步在街上，突然，天色骤暗，你正诧异，明明没到黄昏时间，已经如同在夜晚一般。当你惶恐地抬头望向天空，只见太阳已化作黑色的圆盘，周围有一圈和满月差不多亮的诡异的光芒在跳动，四周能看到点点星辰。正当你惊呆之时，你已感到身上有些寒意。当你沉浸在这寒夜中，还没缓过神来，天空又开始明亮起来，霎时间恢复如初。

日偏食的形成原因：日食是月球运行到太阳与地球之间时，将太阳遮挡住的现象。当月球运行到距离地球较近的位置时，从地面上看起来会比太阳稍大一些，月球就有可能将太阳完全挡住，从而形成日全食。日全食发生时，全食带周围的区域也会看到太阳部分被遮挡的现象，这就是日偏食。

日全食有你那些看点？1.日冕和日珥：太阳的大气自内而外，分为光球、色球、日冕。平时我们看到的太阳，是它的光球层。色球和日冕层看不到，是因为它们比光球暗得多，淹没在了光球层耀眼的光芒中。白天看不到星星，也是同样的道理。日全食的食既到生光阶段，光球层被月球遮挡，没了耀眼的光球，外面两层就能看到了。日冕能够延伸 2 倍太阳半径以上，色球层呈红色，当太阳活动强烈时，会喷出气流，称为「日珥」，据说是形似耳朵，因而得名。日冕的亮度与满月相当。而且有一点在照片上体现不出来，日冕是流动的，你能看到它在太阳周围不停地舞动。

在没有日全食的时候，我拿硬币把太阳的光球层挡住是不能看到日冕和日珥的，原因在于地球的大气层。太阳光在大气层内不停地散射，你把正对着太阳方向的阳光遮挡了，周围的光线还会进入你的眼睛。在白天你遮住了太阳还是看不到星星，也是同样的道理。月球是大气层外的物体，这里的光不会散射，因此在它的本影内，光球的光被完全遮挡。如果在大气层之外的太空中，用硬币遮住了光球，就能轻松地看到日冕和日珥了。

贝利珠：月球是什么形状的？相信很多人都会回答球形。但月球是个完美的球形吗？不，也有高低起伏的山脉、峡谷、陨坑。因此在食既和生光两个时刻前后很短的时间内，日月两个圆几乎相切，月球边缘的起伏把太阳光分割成一串小点，像珠子一般。

影带：是在日全食的食既之前和生光之后的短时间内在地面上出现的明暗交替的流动的波浪线。它的成因目前没有很好的解释，一般认为由地球的大气造成。影带的拍摄也非常困难，似乎至今还没有人拍到的影带照片或录像能较好地还原目视效果的。

这么看来，食既和生光前后是日全食的关键节点。食既之前，记得看影带、贝利珠，然后天色变暗，中间几分钟可以用来欣赏日冕和日珥，还有天空中的星星，时间多的话，还可以拍一些有创意的照片。当然，不建议第一次看日全食的人费太多心思在拍照上。食既到生光的时间很短，你的心情又往往太激动，很可能折腾好久也没拍出满意的照片，自己的双眼也没看够，那就太遗憾啦。生光之后，又会出现贝利珠、影带。生光到复圆的过程，很多人往往已经不耐烦了，毕竟日全食的精华已经结束了。

金星凌日

金星绕太阳公转的周期约为 224 天，地球绕太阳公转的周期约为 365 天，他们两者的会合周期约为 583 天，那么是不是意味着，每隔一年就能看到一次金星凌日现象，因为八大行星的公转轨道虽然具有共面性的特征，但是彼此之间还是有一定的夹角，在绝大多数金星和地球会合的时候，与太阳都并不在一条直线上，也就是说在地球上观察金星无法划过太阳表面，而是在太阳边上划过。因此，实际能够观察到金星凌日的时间间隔要长的多，大约每隔 100 多年才能发生两次。金星凌日通常是两次凌日一组出现，时间间隔为 8 年，那么这次时间错过了之后就可能要等 100 年之后才能再次看到，估计对于目前地球上的人类，也很少有偶人能够看得到了，所以说金星凌日是一辈子才有机会见一次的天象。

三、太阳系行星运动规律

一颗苹果落在牛顿头上，引发了牛顿对地球重力来源的兴趣，多年后牛顿再结合开普勒第三定律，创造性地提出了万有引力定律，从此便成为了几百年来人们解释天体运动规律的定律之一。但是这一定律并不能够完全解释所有天体运行的自然现象，比如不能解释水星进动问题，也就是水星在近日点的轨道旋紧问题，而广义相对论虽然能够精确测算出其旋紧是每世纪 43.0$''$。但是，根据广义相对论，质量越大，引力越大，与相互吸引的原理，太阳系边缘柯伊珀带如此众多的小行星群体为什么没有相互吸引形成巨大的超级行星呢？还有 太阳的上下两极为什么没有出现空间扭曲，为什么行星都在一个黄道面运行为什么会有逆行小卫星为什么会有倒转行星为什么地球只有月球一个卫星围绕地球，月球为什么会是行星一样大小。小行星带为什么会有那么多小天体，木星为什么会有很多卫星，土星为什么会有光环。为什么远方会有双子拌星，天王星为什么会倒在轨道上运转，这一切的一切，用相对论来解答，是不能够做到完全解释清楚的 所以相对论还是有缺陷的。

陨石大家都知道有，但是在月球上有陨石坑却没有陨石，为什么呢？还有大家不知道的，在水星上也是只有坑而没有陨石，为啥都是被动型的星体有坑而没陨石呢，难道说真是陨石坑不是陨石撞击而来的，难道说真是陨石坑的坑是从其内部用力顶起的呢。

地球有引力，把地球大琪拿掉，引力是否还有，气体加大引力是否加大，气体加大到金星大气一样大引力是否会变化，所以这些都是一些有利的证据论点。

太阳光速问题，大家看到了太阳光就说是 30 万公里每秒，比太阳大几十倍的恒星发出的光也是 30 万公里吗？这是一个笑话，太阳缩小到地球一样还有光发出吗？简直是一堆无稽之谈。

都说太阳有引力，其实引力就是太阳光，太阳光是个子，在太空中不相连不发热，所以太空是黑暗和寒冷的 ，光子找到的地方就是太阳系；都知道月球围绕地球转，有一天地球不转了，月球就会是个无头的苍蝇。就不知道未来了，地球围绕太阳转靠的是太阳的光热，而月球围绕地球转的靠的是地球气体，所以地球有自转而月球只是直飞；金星有多大引力，没人胡说为什么呢？因为按照牛顿引力说是说不通的，所以没人说它有多大引力，它的大气压大于地球的大气压力几十倍，两个球体质量却是相差无几。

真理是相对的，只有不断被验证的真理，而没有绝对的真理。

越来越多的科学实验证明，地球重力与地心没有任何关系，因为地心主要是石头沙子水土岩浆等组成，土在氧化气的作用下会化合成为各种矿石，而土岩浆能够通过高温熔化所有金属，而且地球与月球、火星、金星等固态行星的组成成分差不多，但是别的星球上重力有的非常小，有的非常大 而地球上的重力相对比较大 比火星 ，这其中的差别就是地球上有几千千米厚的大气，而太阳系其他类地星球空气稀薄或处于真空状态 金星除外 。另外根据马德堡半球实验发现，半球内的空气抽的越多，半球相互吸引的就越紧，这就证明大气压力非常强大。由此可以总结出一条道理，那就是引力来自于空气压力，是空气压力产生了万有引力现象，半球相互吸引与其内部引力无关 是外部空气压力造成半球的相互吸引。这就说明引力是外部压力所给与的 水银柱高 76 厘米 为什么没有人想过 0 厘米高水银柱在哪里。空气有压力 空气压力来源于太阳热能量与太空冷气收缩。也就是冷缩热涨原理 太阳能光照带来行星空气热膨胀，太空冷使空气产生了收缩力 使得行星物质以气体形态散布在空中冲撞 挤压，冷却形成了热膨胀之后的反作用力，就是冷收缩力 也就是强大的空气压力，冷缩空气是主要压力源 热气膨胀是重力推手 两者一起共同推动地球上万事万物形成向心力，也就是重力与引力。

　　行星大气压力也与太阳的距离有关，距离太阳最近的水星由于离太阳最近，使得水星没有多少大气，是因为太阳风吹散了水星气体 因此重力很微妙。而金星的大气多于地球，因此金星的大气压就高于地球，而月球的空气少于地球，因为其气压只有地球的六分之一，这也导致月球的重力只有地球的六分之一。另外水星、金星、火星和地球相对于太阳的距离要近于木星、土星、天王星和海王星，因此，在冷缩力的压制下 带动的空气压力就越大，使得内部物质不断挤压形成岩石类固体行星，而类木行星由于距离太阳风较远，其大气受太阳风力小 ，从而是于气态与冰态状态 。基于空气压力产生地球引力现象，我们发现太阳系行星运动呈现出以下这样几种运行规律：

一、水星被动型

水星是已知距离太阳最近的行星之一，正因为如此，它的表面一方面是因为受到太阳辐射热量导致大气蒸发较快，另外一方面是强大的太阳风刮走了水星表面的大气，因此由于缺乏空气的流动，正因为水星没有多少大气，也是空气稀薄 不能产生很大大气压力，故而就不能带动快速自转，其自转速度是相对较慢。另外，水星是太阳系中目前唯一已知的公转周期与自转周期共动比率不是 1：1 的天体，像月球一样 这也是水星独特的进动天文现象，天文学家已经证实水星进动是损耗性天体运动，最主要的原因就是距离太阳近，使得水星公转到近日点的时候，受到太阳风更大风力的扇动，带来了一定的方向线路的改变，从而形成这种"多余"的天体运动现象。总之 水星运行是太阳风扇动着水星运行的。水星也受空气冷压力的作用。水星被太阳吸引 不是太阳引力作用而是太空空气冷压力在压动着水星稀薄大气依附着太阳运行。水星距离太阳远了冷压力增大 压迫水星稀薄大气靠近太阳 水星距离太阳近了太阳风扇动水星远离太阳 水星就是这样在两种力之中徘徊着运动的 。

二、地球大气压力压动型

地球的自转动力并不是来自于自身地心重力与太阳引力，太阳本身并不存在引力，重力 也是人们常说的引力 是地球物质受太阳热辐射形成的空气膨胀力与空气冷缩力的结果 ，这种膨胀力在夜晚形成反向作用力便是空气压力，也就是空气冷收缩力。就是这个空气冷收缩力让大气在太空高处不能够逃逸地球，而地球大气层由于公转带来的地球接受太阳热能不平均的作用下，大气就会流动。地球在没有大气层之前是无规则转动，也有可能是太阳的卫星 而有了大气层之后，便开始自西向东有序运动，水也是在漫长的世纪中慢慢产生与增加的。地球逆时针自西向东自转并且绕着太阳公转，使得太阳在地球上的直射点在地球表面不断西移，这就使得地球的最高温在向西移动，根据高温低压，低温高压的空气流动原理，自然就形成了夜晚气流从西向东流动的规律现象，这也是拂晓前黑暗的来源之因。同时，地球在大气压力的带动下使得地球形成了这种自西向东转动模式。也就是在早上的大气压最高时它会推动地球向外移动，这就是圆轨道的形成。地球绕太阳公转是地球受到夜晚空气冷缩力的作用运行的 地球是向太阳方向挤动着奔向太阳掉落着。地球轨道圆弧是早上空气热涨力加夜晚冷缩力共同向外推动地球的结果，地球奔向太阳是夜晚空气冷压力压动地球飞向太阳，地球轨道圆是被这两种力合力催动地球所产生，一种是早上热涨力向外推动地球，二是晚上冷缩力向内压动地球，两种力的合力使得地球走成了圆弧轨道并且产生了自转圆 。

　　地球大气吸收了 20% 太阳辐射带来的太阳能量，为此大气被热能驱动起来，形成了风，这种风的概念是大气与地球同步运动的风，而不是那种可以感知到的风，其时 空气是被冷缩力压在了地球之上 大气是随着地球一起转动的。经过测算，当实际感知风速为零时，这时大气自西向东平流运动的速度与赤道的线速度465 米 / 秒相等，这就是地球同步风，同步风是冷压力产生的结果 。如果大气随着地球自转而运动，那么如此高的线速度必然使得东风大于西风，但事实上却完全相反，这足以说明地球上自西向东的大气平流运动才是地球自转的真正动力。

三，金星混合型

　　金星位于水星和地球之间，因此其天体运行融合了地球自转型和水星被动型两者之特点，呈现出倒自转的现象。之所以会出现倒转的情形，是因为金星由于离太阳位置相对较近，受太阳辐射巨大的热量蒸发金星地表时期带有含有大量的金元素大气层，虽然金星大气压力非常大 但是它与太阳气风相抗衡还是小的，由于太阳风向的有序性，在于金星大气压力产生了摩擦力导致其呈现出自东向西的倒自转形态。

　　由此，基于大气压力带动行星运行的理论可以合理的解释天文现象。太阳带来热量，热量产生气膨胀，冷空气收缩力累积形成气压，在新气压挤压旧气压产生高气压，这种气压力就是重力。也就是冷收缩力 这样就能够合理地解释为什么美国登陆月球时美国国旗有吹动的现象，这就是地球大气扇动其月球前进带来的风，月球上的月尘也有地球物质受大气风力吹拂带去的。月球的岩石裸露也是风吹现象。为此 可以说明大气压力与引力无关 大气压力与空气多少有关 大气压力是可变量 不是万有的引力源，所以万有引力论是错误的。

四、太阳系的未来

太阳系的上下方薄，圆盘之处就是因为太阳的上下方没有光照，而赤道照给远方的光远，随着人类科技的不断进步，现在我们知道地球是太阳系中的一颗行星，而且地球能够孕育出生命，是有很多因素的，比如说空气水，温度，阳光，这些都是生命存在的必要条件，而且地球上的生命存在还有很多其它的因素，比如说大气层，适宜的温度，还有足够的水，地球之所以能够有生命就是因为地球在太阳系中的位置非常的好，比如说地球上温度，因为离太阳的距离不近不远，所以地球上能够有生命，随着人类科技的不断发展，现在人类已经知道太阳是有寿命的！

我们的太阳已经燃烧了 50 亿年的时间了，而且根据科学家的计算，太阳的寿命还有 50 亿年左右的时间，根据科学家的计算，在太阳形成到如今的 45 亿年的时间里，太阳的亮度增加到了百分之 30，在大约 19 亿年后，太阳的光度将会提升到现在的 2.2 倍，这对于地球来说，绝对是一个灭顶之灾，到那个时候，地球的温度要比平时高 60 度左右，如果真的是这样，地球上的水都会蒸发干净，留下一片贫瘠，地球上什么都没有了，到那个时候，对于人类来说，火星反而可能是一个比较适合人类居住的星球大约 30 到 40 亿年以后，太阳系面临一个新的挑战，一个更加恐怖的挑战，距离银河系 250 万光年的仙女座大星系，或将在这个期间内和银河系发生一场宇宙宇宙车祸，这场车祸是怎么造成的，目前科学家还不知道，而且尽管恒星之间的距离比较大，宇宙中绝大部分是虚无的空间，但是万有引力的存在，让很多天体能够有规律的运行，太阳的寿命会终结，太阳寿命快结束的时候，太阳会变成一颗红巨星，太阳变成红巨星的同时，体积会无限大的扩大！太阳成为红巨星，体积可能会吞噬水星，金星和地球的轨道，这样我们的地球就会被太阳吞噬，而且红巨星能量释放完之后，太阳会变成一颗白矮星，质量小的恒星死亡以后会变成一颗白矮星，质量中等的恒星死亡以后会变成中子星，质量超大的恒星死亡以后会变成黑洞，我们的太阳质量不是很大，所以死亡以后会变成一颗白矮星！但是太阳系没有了太阳。所有的恒星都可能会流浪，这是为什么呢？太阳系就是因为有太阳的出现才形成的！最初的时候，太阳到处都是小行星和其它的天体，后来太阳形成之后，太阳巨大的引力和太阳风的作用，把太阳系中多余的小行星都吹倒了太阳系的边缘，而且太阳的质量很大，所以能够把 8 大行星吸引在一起，所以现在太阳系中的 8 大行星都在不断的围绕着太阳转动，这就是因为太阳巨大的引力引起的，而且太阳风的威力是很大的，能够把很多小行星都吹走，地球上的大气层之所以没有被太阳风吹走，就是因为地球有强大的磁场，磁场能够非常有效的保护地球大气层！

太阳能够燃烧 50 亿年的时间，就是因为太阳内部产生核聚变反应，所以才能够一直燃烧，核聚变的能量非常大，而且人类现在还在不断的研究可控核聚变，如果太阳没有了核聚变，太阳内部就没有了能量向外面释放，无法抵抗强大的引力，太阳开始向内塌缩，在反作用力的条件下，太阳的外壳会发生膨胀，膨胀到差不多 2 亿公里的直径，所以人类想要一直生存下去，就必须离开太阳系，到那个时候，我们必须移民，虽然现在移民对于人类来说基本上是不可能的！因为人类的速度还没有办法离开太阳系，更不要说去其他的星球上生活了，科学家认为有很多星球能够适合人类居住，但是这些星球还是和地球有一些差别的，如果人类想要在其他星球上居住，还需要对这些星球进行改造，所以人类现在的科技没有办法达到这样的科技，人类可能还需要几百年或者是几千年才能够实现这样的梦想，希望到时候人类的科技非常发达，能够飞出太阳系，也能够在其它的星球上生存，期待这一天能够早日到来！

第三章　地球的运动成因

一、地球引力的来源与形成

大家可以不相信压力论，但是空气压力在热胀冷缩的作用下空气在地球的两侧是有压力差的，就是这个压力差压动了地球，这就是地球运动的来源解释；牛顿的引力那些论都是盲人摸象的论调，金星不能用，火星不能用，宇宙的单一体不能算出引力，因为没有第二体就没有距离，没有距离就不能算引力了，引力是空气的挤压产生的挤压力，空气的挤压力是热给予的涨力，没有空气的物质没有挤压力没有引力，空气的多少决定了引力的大小，引力与第二个物质体无关联与距离的远近更是天方夜谈。在地球上为什么地面引力高于其上方那是因为太阳光子决定的，太阳光子在太空中光子与光子不相遇不相交所以光在太空没有热力，光到地面之后光子相遇产生了光电效应产生热，热使空气膨胀，膨胀的空气产生挤压力，这就是压力高空随着挤压力的减少压力减小。

引力错误论又一有力证据，利用引力方程不能算彗星引力，因为彗星的距离没有二者所以不成，引力方程两者的距离平方成反比。算彗星引力，彗星与哪个物体算距离，没有距离的平方是没办法算出彗星的引力的。没有两者所以不成，所以引力论错误。

月亮距离地球为什么会有远近，是地球的引力有弹性吗？不是的，是因为月球运动与地球的大气相关，气越大越远，气越小越近。

恐龙灭绝就是地球受星体冲击后，导致地球轨道错位，天气变冷，恐龙被冻死灭绝的，恐龙死前是朝一个方向移动的。

二、地球运转力来源新解——空气热胀冷缩力学说

地球在早晨七点左右受阳光照射后空气膨胀，膨胀的空气压力减少而此时西边的四点左右的地方正是黑夜，黑夜的冷使空气收缩压力变大，这样两地之间就会有压力差，这个空气压力之差就会挤压带动着地球鼓起来的地方向东运动，地球向东运动形成就这样出现了。

地球为什么自西向东转，因为西边是黑夜，黑夜的空气压力大于白天的空气压力，气压流动原理压动了地球的运动，早上六点到八点阳光照射空气，空气膨胀，清晨三到五点的时间空气最冷，压力最大，这样空气压力就会压着球体上的空气向东运动，这就是地球动力也是黎明前的黑暗原因之理。

都是地球有引力，把大气去掉引力还有吗？不会有的，因为是气使压力产生。都说地球引力与其质量有关，如果空气量再加大一倍，地球质量不变引力还是这样吗？不会的，空气增加压力增大，金星就是的。地球有引力，假如把地球从中间切开，引力还会在吗？引力中心会是怎么样？引力中心是又会在被切开的一半的里面的。

《易经》曰"天行健，君子以自强不息"之句，这其中，"天行健"指的就是天体似乎永远在不知疲倦地运转着。以地球为例，绕着太阳公转一圈有 365 天，便出现了春夏秋冬，自转一天 24 小时，便有了太阳的东升西落，黑夜白昼。

关于地球自转的动力来源，一直以来现代天文学领域都没有提出完全信服的科学结论。这里需要解释的是，"地球在自转"是客观现象，不等于"地球自己转"，到底是地球内部产生的驱动力，还是外部带来的推动力，或者两者兼而有之，这才是天文学家需要研究清楚的原委所在。地球的早上七点与其西边的清晨早上四点之间有空气压力差，两地之间距离是一万里，两地之间地球面高出两点高度被空气压力差挤压着向东运动了。

那么 关于地球转动力的来源，天文学家提出了诸多学说，其中有影响力的为以下三种，第一种"开普勒定律"理论指导下形成的角动量守恒学说，该学说指出在太阳系诞生时的原始星云就带有角动量，在形成太阳和各个行星之后，角动量没有损失，但会被重新分配，各个行星在形成的过程中分别从原始星云中得到了一定的角动量 从而使各星体运动。第二种学说是牛顿在万有引力理念下提出的太阳引力牵引学说，质量越大，引力越大，地球在太阳巨大的引力带动下围绕其公转，然后由公转带动自转。第三种学说是暗能量与太阳引力多重力结合学说。也就是相对论说。暗能量占宇宙质量的 69%，所有宇宙天体都受其影响而处于运动状态。

现在 根据有关天文现象研究发现，宇宙大爆发开始之后并没有什么星系，一切都处于混沌状态，所有星体的前身都是一团尘埃云体，在最初大爆炸产生的高温下逐渐膨胀，相互吸引，然后慢慢冷却，从无序状态成为了有序规律状态。那么 这个使宇宙成为有序规律状态的是什么呢 是人们常说的暗能量 那么 暗能量又是什么呢 暗能量就是人们熟知的热涨冷缩规律。因此通过热涨冷缩的自然规律就能知道万有引力的形成与来源 从而也就能解释行星的运转 ——这就是宇宙的万有引力之源 是气体热胀冷缩的自然规律让势能变化为动能，从而带动的星体转动。

地球转动地球运动力来自太阳热产生的空气形成的热胀冷缩力，空气是有质量的，这样就会给物体带来压力，太阳热照耀地球，由于地球客观存在一面朝向太阳，一面背向太阳，因此朝向太阳的光照充足，空气在吸收充足的热量而变得膨胀，离地球越来越远使得压力变小，而背向太阳的一面空气温度相对更低，空气冷却紧贴在地球表面，使得压力变大，这样昼夜两半球的空气对地球压力成不平衡状态。其压力大的夜半球推动地球向压力小的昼半球位置移动，这便就产生了地球公转向太阳 这也就是太阳引力说 地球在向太阳掉落中

那么地球向太阳掉落着 为什么地球没有掉到太阳上去呢。那是因为太阳也是在运动中。地球与太阳同时在宇宙中保持着运动，地球靠近太阳时会受到太阳风的吹动而不能靠近太阳。当地球距离太阳远了时太空的冷就会使地球去接近太阳。这就是地球的轨道不圆的原因。因此地球没有掉入到太阳里面去，而是向太阳方向掉落着；宇宙中凡是表面存在空气的行星大都是按照这种规律运行，但是水星 金星不是 所以 空气的热涨冷缩力压动行星向恒星掉落。这便是地球公转的原因。

　　总而言之，能量由物质的势能转化为功能所致，因为不平衡才会让势能向动能转变。客观事物所处的位置就会出现这种不平衡。光是势能的来源，空气是功能的推手，地球背光面与迎光面的光照强度不同，使得空气冷热不均出现流动，这样就带动地球自转，空气围绕地表运动不会向宇宙飘散便是这个原因 是空气冷缩收缩到了地球的引力内 。而地球背光面的空气冷却压在地球表面，推动地球向太阳方向下降，由于地球与太阳同步运动，两者保持稳定向前的关系 地球不规则的园就是气体的大小压力所产生，这种太阳与地球的关系规律是所有行星与恒星的基本规律

　　现在 经过实验一个苹果放入一个气球内加满气 然后放入冰箱加冷 苹果就会受到压力增大的力 苹果受到的压力增大的力 是冷使空气对苹果产生的。所以冷能使空气增加压力。空气的温度不变 增加空气数量 压力也会增加。这就是太阳产生的气生成了压力的根源 因此 空气压力与温度有关 冷能增加压力 空气数量也能增加压力 容积不变的情况下。空气多了相互挤压。大气的压力就是这样来的 所以压力不是万有的 是可变量 所以 地球重力是可变的万有引力是错的

三、世界地图

　　地理地图反映了人类对周围世界的认知。几千年前出现的第一张地图，在其可靠性和所描绘区域的大小等各个方面，都是原始且有限的。直到中世纪，欧洲世界的地理还依然局限于三大洲范围。且这些地图大多数是艺术品，而不是导航工具。在中世纪

时期，未知的陆地和海洋为地图制作者的想象力提供了肥沃的土壤。但人们仍旧普遍认为，在"未知的海洋"和"未知的土地"中肯定会存在一些危险。因此，在民间传说的影响下，虚构的生物开始出现在地图上。

到了中世纪后期，地理制图的两个分支开始并排发展。一方面，地理学家研究了世界的结构后，制作了所谓的世界地图。这些地图具有理论意义，但缺乏任何实际应用。不过，它们帮助人们塑造了对世界的概念。

另一方面，近代的海图出现，它主要是对海上航行的描述，海员将其用作指导航行。比如：波特兰海图，它将指南针用于海军航行，当然，商人也经常会从中受益。这些地图以非常粗略的方式展示了内陆地区，而海岸线，海角和岛屿则得到了非常详细的描绘。

四、大气层

大气层一开始是没有的，是在后来的运动中产生的，地壳运动，石头到了土里面，土又在进化成石头的过程中，金星与地球相差无几，大气却是非常之大，大气体不会逃离因为冷使它们收缩；太阳光是个子碰到一起就会发热太阳光子在运动中不相交不发热，大气层有热层就是光在进入大气层做了功，大气层有对流层平流层，地球转动就是这一层，大气层是后来慢慢形成的不会减少是在增多，物质不变是错的，都是在运动中，国内的风雨冰雪都是病毒惹得祸 地震也是地球运动错位所产生的 地球运动的离心力

错位了 地球内部的熔浆塌落就会错落方向就会出现内部震动，铁锅放火上下面加热锅上放锅盖锅盖就会有水滴，这就是无中生有，水滴多了就是雨水滴遇冷就是雹，物化后的水滴就是雪，热气上升周围的气压过来就是风。

五、动物界

动物的物种也是非常繁多，有高级动物，也有低级动物。有一点可以肯定，世界上先有植物后有动物。植物是自然界中的有机质变化而成，动物是自然界中的有机质和植物的腐殖质变化而成。植物生长所需的是阳光和水土中的矿物质以及有机质，少数低等动物食用也是水土中的矿物质和有机质，其它动物多数食用的是植物及其植物的汁液，只有少数动物是食肉动物。根据动物的食物情况来分析，可以这样来推断：地球上生物存在的顺序依次是，低等植物→低等动物和高等植物→普通动物→高等动物和食肉动物→人类。

动物界在山顶的水中会有鱼，如果您仔细观察会发现在泉水出水口处会有蚊蝇的早期动卵，看看猴子的脚趾头能像我们的手一样抓物，人吃的食物一样有的变成血有的成了肉。有的成了骨头有的成了皮，身体的一块肉割下来就是死的，再放回去就会动，人的生老病死都与血液有关，是血液注定了灵魂。肺是供氧的，肝是造血的；如此看来我们人的头脑与心脏，哪个是卵子哪个是精子，还是合成体。

好好一个人为什么会得病，外国都在污蔑中药，毒血攻心其实就是坏了肝脏，有时我在想有的树叶是红有的树叶是黄， 都是归功于太阳的光，不见光的都是空气白的样，非洲人他们的土地就如同他们的皮肤一样，我们的皮肤就是我们看到的土的颜色，白人的皮肤他们的土地也是土白的样，人类的祖先在热带生长，人类不会居住在寒冷的地方，我们这里的人都是从西边迁移过来，在远古我们北方是没有平原的，华北平原是西边太行山的土冲击而成，我们家有条河叫做孟良河，河的两边是一样的平，说明河是后来有的，是先有的平原，水流成了河，一句话华北平原就是太行山的土冲击而来，这就说明平原形成之前没有人类，因此我们的祖先是从西边而来，而且我们的文化与语言与以色列有好多相似，皮肤也是相似，包括长相；我去过以色列，三星文化是阿拉伯人，是我们在污蔑他们，恐龙灭绝就是天灾 是小行星撞地球后，地球气候变化轨道错位，在旧金山有山与山之间有个小小的平地就是地球轨道错位产生的 ，人的起源是热，人是有毛发的，在过去人们怕的就是蛇，人类最大天敌就是蛇，狼虫虎豹都能看到，唯有蛇难预防，圣经上有动物出现 早期的经书没有马，说明马是后来物，经书上有猪，说明西方人吃它的肉，人类最早肯定是光着的，经书上说吃了智慧果才知道了穿衣；之前有人说印第安人是从白令海峡过去的，其实这个观点是错误的，他们本就是本地人是地球赤道变化地壳位移产生了美洲，美洲与欧洲和非洲本就是一洲，以色列人往西走，往东也会走，甘肃是主要地带，地球再变动祖先会再往东走，中国为什么没有西方，那是因为中国远古还没有陆地产生人类，再就是寒冷不能产生人类马匹产生在哈萨克斯坦，人类东移后驯服了马匹后再打回到西边去马才在圣经里出现，这个是有证据的，圣经前部分就没说有马说有骆驼、驴、羊、人类的祖先主要是吃羊，有了羊皮穿后才开始走动，人类走动是地球赤道错位逼迫着走的，也有矛盾走的，不会是平平安安走的，人类的祖先中心就在埃及，两河流域，人类就是动物的一支，人类是进化而来，是适者生存的墨西哥人就很低，就像三星人，南方人就个小，西方人也不做避孕为什么人少，不单是战争带走了人，也是和食物有关，中国人吃猪肉长相像猪，西方人吃牛肉长相就像牛，牛的生育就低，动物有四不像说明在进化中，动物需要食物说明先有的植物，植物需要水，说明先有的气，没有植物的星球也有气，说明气与植物无关，氧气是植物产生的说明先有的植物，有植物以前就有气体了，外行星有山说明没有水也会有山，山是离心力甩动形成了山，植物需要气体说明先有的气，石是土变的，山是地壳鼓起的，地球去掉水地球与火星相差无几，地球周围有了气，然后才有的植物，地球在没有光照之前是无规则运动的 因为它没有压力差 ，有了光才有了压力差，才有了序，没有光以前是混沌的 没白天没有黑夜，光是太阳转动后发出的，说明太阳也是碰撞产生的动力的，它起初没有光照没有植物，气是天生物 但是它可以被吹离，先有的球体后有的气，有了气才有了植物，有了植物才有了氧，有了氧才有了动物与人类，太阳的光不是生来就有的，太阳的球体是聚少成多，衣服在人类的起初是没有的所以人类是在热地存活，人类的祖先是动物，动物的祖先是植物，植物造就了氧，植物的生长靠温度靠热量，植物的颜色靠阳光；植物通过光能生长，土壤的表面在秋季能产生盐分，这是近代看不到的，也是被人们遗忘的事情

　　动物与植物的区别在于植物是固定的生命形式，而动物是移动的生命形式。植物只有躯体神经（如叶脉等），没有脑部神经，不能形成感觉。而动物既有躯体神经又有脑部神经，可以形成感觉和思维。植物的生命始点源于根，而动物的生命始点源于头。动植物的生长都是沿着它们的神经进行扩展的，只不过植物的扩展是呈对称性的，动物的扩展是不对称性的，对此我们作如下阐述。　　由于形成动物和植物的分子（细胞）形状、分子成分、分子有效界面、分子振动属性、形成分子时的振动状态（温度）、有机基团和对应物质、网状结构、几何特性以及时间效应的不同，动植物的细胞扩展方式或生长方式在网状结构系统中出现了差异：植物从胚胎时期或体细胞发育时期开始生长时，多数以地面为界，在网状结构系统中沿着能量传递通道（神经）向上、下两个方向扩展或生长，即一部分以地面为界向上扩展，达到每个生长自由度的极限，形成茎（干）、叶和果实等。另一部分以地面为界向下扩展，形成整个植物的根系。植物发育的开始点在根与茎（干）的结合部。在外界能量施加的分子振动过程中，植物生命过程呈对称性生长方式。也就是说，它们的向上扩展和向下扩展，在生命始点上两端的扩展速度没有太大的差异存在，两端同时扩展，或者说根早于叶，这是固定生命形式的主要特点。而动物作为一种移动生命形式与植物就大不相同了，它的扩展方式具有不对称的特点。它从胚胎发育时，它发育的开始点在脑神经与躯体神经的结合部。随着发育的进行，在躯体神经一端细胞的扩展速度特别快，沿着各个自由度很快扩展到其极限，并在每个扩展自由度上分配的能量比较多，最终形成人体中的骨骼和各种器官等。

而在脑神经的另一端细胞的扩展速度非常缓慢，但是扩展自由度比较多，而在每个自由度上分配的能量比较少，最终形成大脑组织，它的整个扩展过程呈不对称性。通过上述讲解，我们的先人们为什么把动物的头的作用用"首要"的概念来表达、对植物的根的作用用"根本"的概念来形容，因为这是它们的生命始点，可见祖先们早已熟知它们的内容，只是没有解释清楚罢了。总之，植物胚胎发育时先生根；动物胚胎发育时先长头。这是二者的主要区别所在。有机基团和其它物质成分在分子振动过程中通过分子力的作用化合，在各个自由度方向上形成网状结构系统，这个网状结构系统实际上就是植物的株体或动物的身体。

本人认为，动物的最早发源地可能有两个，一个是陆地的沼泽地、浅水的池塘、河流、湖泊中；另一个可能是热带雨林中潮湿的土壤中。这里的温度高，湿度大，各种物质成分复杂，具备了产生生命的各种条件，并且容易接收太阳传递来的能量，便于生长。以前有人认为生命诞生于大海，这种说法我不赞成。因为大海的温度比起上述陆地上水土中的温度要低得多，即使大海中会产生生命，也要比陆地上要晚得多。因为物质形成的顺序总是从高温依次向低温排列，自然界中的物质都符合这一规律，当然生命物质也不例外。总之，不管是植物还是动物，它们的最早生成地应该是海陆交界处的土壤中或浅水中。理由是，所有的生物，包括动物和植物，它们之所以生活，除了太阳提供的能量之外，它们机体细胞的生长或新陈代谢过程中所需能量均来自于食物或养分。但是，真正维系它们机体细胞活性的能量（细胞振动能量）是来自于水中、土中和空气中。陆地上的动植物机体细胞活性的能量靠的是空气中的能量提供（如高级动物的空气呼吸），海洋中的动植物机体细胞活性的能量靠的是海水中的能量提供（如鱼类用鳃呼吸海水）。组成植物的物质多数是些振动比较强烈的较重的物质。这些物质分子的有效界面比较少，分子力比较大，活动比较迅速，化合速度比较快，即生长速度比较快，形成的网状结构比较简单，每个分子都有较强的振动方向性，这个方向不易改变。尤其它们是固定性生长，即使太阳不断地运动向它们施以不同方向的能量传递和能量作用，它们的分子振动方向也不会轻易改变。加上它们的分子力比较大，容易吸附在一些物体上生长。这就是植物的主要特点。而动物的情况就不一样了，它们为什么会成为移动性的生命形式呢？原来，组成动物的物质多数是些振动比较缓慢的较轻的物质。这些物质分子的有效界面比较多，分子力比较小，活动比较迟缓，化合速度比较慢，即生长速度比较慢，形成的网状结构比较复杂，每个分子的振动方向性不太明显，而且其方向容易改变。尤其是在太阳不断地运动向它们施以不同方向的能量传递和能量作用时，它们的分子振动方向很容易受太阳运动的影响和能量传递方向改变的影响发生自身振动方向的改变。加上它们的分子力比较小，容易造成一种自由状态性的生长形式。由于太阳的方向在改变，传递的能量大小在改变，加之其他原因（如风雨变化、其他物质成分量的多少、环境温度等），动物细胞所扩展而成的网状结构（动物的躯体）中各个细胞的振动属性存在着差异，所以所形成的动物躯体中器官比较多，功能比较全。这就是动物的主要特点，也是动物形成的基本原理。如果你要进一步深究的话，动物为什么动着生长、植物为什么固定生长？我只能信口胡说或胡乱猜测：植物最初是诞生于湿土之中，所以它固定生长；而动物最初是诞生于高温的浅水之中，水是动的，所以它只好动着生长，

　　另外，动物和植物有一个共同之处，在它们的机体中和生长过程中，都充满了水分。那么，水分的作用是什么呢？它们又是以怎样的形式存在呢？下面我们就这方面的问题来谈谈看法。水分除了可以帮助动植物的有机基团与其它物质成分完成化合成基本细胞（核）之外，还可以帮助动植物的细胞更加完善和在整个生命过程中有效进行。动植物的细胞作为一个大分子来讲，它的核心部分除了有机基团、其它物质成分之外，也有部分水的成分。在这个大分子的边缘四周空间内主要是水的成分，它们可以是这个大分子的一部分，被吸附在大分子上，成为它的本体；有一部分水分也可以不被吸附，游离在细胞与细胞之间，作为生命体的一部分。成为大分子本体的水分，是存在生命的根本。因为地球上之所以存在生命的根本原因，就是因为地球在冷却过程的后期地表上存在大量后续的轻物质，除了水之外，还有大量的非金属物质和少量的金属物质，所以生命物质（分子）中含有大量的氢氧物质成分是再自然不过了。存在于动植物细胞之间的水分的作用，除了具有润滑作用之外，还是保证细胞之间有效进行振动传递能量的关键作用。动植物机体中的细胞之间充满了水分，在进行能量振动传递时就可以达到平稳、持久和有效。若没有这些水分的存在，能量振动传递时就出现衰减很快，不能达到机体的末梢部分。另外细胞振动传递时消耗的能量很大，如果没有外来的能量及时补充，生命过程很难进行。所以，水分在细胞之间的作

用是很重要的，这一点我们再来谈谈物种的差异问题。世界上的动植物各物种之间存在着很大的差别，由于这种差别的存在使得这个世界更加缤纷、美好。比如，有的植物开白花，有的植物开红花，有的植物不开花；有的植物结甜果，有的植物结酸果，有的植物不结果；有的可以长成耸天大树，有的只能长成柔弱小草；有的可以入药治病救人，有的入药则可以致死人命；有的可以成为人类的粮食和蔬菜，有的则只能成为建筑材料和生活用品材料。有的动物可以在空中展翅高飞，有的动物则只能在陆地上奋蹄奔跑；有的动物可以在水中遨游，有的动物则只能在陆地上爬行；有的动物可以以体内毒液进行进攻或自卫，有的动物则利用变色、放出烟幕或气味进行防护。有的唧喳齐鸣好象禽类歌咏会，有的哞咩乱叫犹如兽类协奏曲；有白皮肤、蓝眼睛、高鼻子、深眼窝、黄头发的欧洲人，有黑皮肤、黑眼睛、塌鼻子、鼓眼窝、卷头发的非洲人。凡此种种，构成了大千世界。这一切究竟是为什么？是何种原因所致？是不是想长个翅膀就可以长个翅膀？想长几条腿就可以长几条腿？想变色就变色？想成为黑人或白人就可以如愿以偿？是主观的选择性所造成的还是客观环境条件的浑然天成？这些问题多少年来不知道困惑了多少古今中外人们的心。

　　另外，动物和植物既然是物质在振动过程中的产物，那么它们必然带有振动特性所附带的特征，如方向性和对称性。以动物为例，由于物质分子振动是带有方向性，所以动物生成的生理结构也决定了它的行动也具有方向性。在自然界中，绝大部分的动物行走时都只能前后移动，横行的动物很少，向各个方向移动很方便的动物几乎没有。由于物质分子的振动是往复振荡进行，植物的生长过程中和动物的生育过程中，生理结构也成对称性结构。例如，植物在生长过程中，左一个枝条、右一个枝条、左一个叶片、右一个叶片地生长；动物在生育的过程中，肢体和五官分布也具有对称性。

六、山脉

山低，山脉高；山脉成片，山土混合；石是圆形。山脉主要是由内力作用而形成的．当地表岩层受到来自地球内部的力的作用时，会发生褶皱—断层，使有的地方隆起而成山．

山脉按照其形成的方式可分为以下四种类型．褶皱山两个板块相互推挤，地壳会弯曲变形，形成山脉．火山山岩浆从地球深处岩浆仓喷发出来形成火山，喷射出的熔岩、火山灰和岩块形成高高的火山锥．断层山地球板块互相碰撞，使地壳出现断层或裂缝，巨大岩块受挤上升．冠状山地壳下的岩浆往上涌，使地球表层的岩石向上隆起，形成冠状山．山脉，是沿一定方向延伸，包括若干条山岭和山谷组成的山体，因像脉状而称之为山脉。主要是由于地壳运动中的内营力作用，有明显的褶皱，从而区别于山地，而山地则是在一定的力的作用下，褶皱现象不明显。山脉有四种类型：褶皱山脉、断块山脉、火山山脉和冠状山脉。褶皱山脉是两个大陆板块相互碰撞时，板块边缘在压力作用下产生褶皱而形成的，如喜马拉雅山脉、阿尔卑斯山脉等。

山脉形成是一种地壳的运动，形成山脉之后，山脉之间通过一种物质进行相连。山脉是有生命的，他们相互在一起，其实也是一种物质的存在。有了山脉这一介质的存在，可以抵挡住风沙的袭击。可以把冷风去挡住，从而各自形成一个天然的屏障，保护好人类。所以山脉不仅仅是一个名词，它其实也是自然界的产物，是自然界生命之间不可或缺的一部分。

七、海洋

地球形成后很快冷却下来，当地表温度降低到适宜液态水的存在后，长久以来从岩浆中挥发出来的水蒸气很快变成降雨汇聚在了地表低洼处。不过，那时候的海洋与现在完全不同，它们很可能酸性很大，弥漫着臭鸡蛋味和硫磺味的混合气味。这是因为，根据现在研究的火山气体的成分看，火山喷发出来的气体中含有大量的二氧化碳、硫化氢、二氧化硫、氯化氢、氟化氢等气体 [6]，很有可能在当时的火山岩浆中也含有这些气体，只是可能气体的含量不太一致而已。那时候的地球，可能完全是末日的样子，火山喷发、岩浆四处溢流、天空中是灰黑色的火山灰、下着强酸雨盐酸、氢氟酸、亚硫酸的混合液滴。

现在的科学家能够找到的地球上最古老的物质是 44 亿年前的锆石，通过对锆石的分析表明，这些锆石形成于与液态水反应的混合岩浆中，这表明液态水可能在 44 亿年前就已经出现，而原始海洋可能在随后不久就出现了。

其实我海洋早就已经出现，只是一个先后的顺序，有水才会有生命。大家都知道我们人类哪里有水就有生命的存在。说明我们人类是离不开水的。没有水是无法有生命的存在的。那么地球一开始就是全是水。只是随着地球的运动和位移，温度的升高。海底下发生了变化，从而导致了海底火山的喷发，从而形成了陆地，有了陆地之后才有了植物，才有了后期的各种物种现象。

那么海底到底是什么样子的呢？生活着什么生物？其实深海海底大部分情况下并没有这么多千奇百怪的生物的，越深的海底生物越少。只有在热液区，产油区等特殊地区才有比较丰富的生物群落。其实当我们看到我们陆地的山脉时，既然山脉是由海洋底下的火山迸发所形成的，那么说明海洋底下是有山脊的存在。现在大家都知道海底有火山很多都是活火山，有海沟，有热液区，当然最主要的还是沉积物。

为什么世界上这么多湖泊，有的是淡水湖，而有的却是咸水湖？一般来说淡水湖多分布在河流的外流区（河流最终入海），在我国的东部季风区分布的湖泊多是淡水湖，比如洞庭湖、鄱阳湖、太湖等等；而咸水湖多分布在内流区（河流最终没有注入海洋），在我国西北干旱半干旱区和青藏高寒区有大量咸水湖分布，比如青海湖、纳木错等等。

咸水湖的形成主要有两个方面，一方面是海迹湖，海迹湖是指湖泊原本为海洋的一部分，最终因为地壳运动、板块运动或泥沙淤积等作用，而最终和海洋分离而形成的湖泊，又称海成湖。由于海迹湖本来就是海洋的一部分，所以湖泊内的水也就是咸水，比如世界上最大的咸水湖里海就是海迹湖。

咸水湖的形成主要有两个方面，一方面是海迹湖，海迹湖是指湖泊原本为海洋的一部分，最终因为地壳运动、板块运动或泥沙淤积等作用，而最终和海洋分离而形成的湖泊，又称海成湖。

由于海迹湖本来就是海洋的一部分，所以湖泊内的水也就是咸水，比如世界上最大的咸水湖里海就是海迹湖。

其次，咸水湖多分布在干旱和半干旱气候区，湖泊水分的蒸发量往往超过湖泊水分的补给量，湖水不断浓缩，含盐量就会不断的增加，上面我们讲的里海就是位于中亚内陆干旱地区，降水少蒸发多。咸水湖虽然不能直接饮用，但是湖泊中咸水中含有大量盐分，包括食盐、碱、芒硝、硼酸等，可以作为化工原料。

冰雹的来源是局部热空气上升产生的局部的热空气上升与上面的冷空气相遇产生小水滴，因上面冷所以小水滴受重力挤压下，在下落的过程中又会遇到新的热气新热气上升又会推升小冰滴向上，这样来回的运动直到冰滴重量大于热气上升力。这样冰下落到地面就是雹了。

八、河流与湖泊

湖泊的成因有：在高山高原、丘陵和平原的地表发生断裂出现凹陷，凹陷的地方逐渐蓄水，形成湖泊；火山喷发后在火山的部位留下巨大的火山口，火山口逐渐储水而形成的湖泊；受到河道迁徙摆动、河道淤塞等情况，会在河道上形成湖泊等原因。湖泊，陆地表面洼地积水形成的比较宽广的水域。现代地质学定义：陆地上洼地积水形成的、水域比较宽广、换流缓慢的水体。

说这个之前我们需要水是从哪儿来的，海拔每上升1000m，温度会降低6度，高山上常年积雪，海拔再降低一些的地方，积雪就会随着一年四季的温度变化而融化，水往低处流，就形成了河源的发源地，而流水汇聚后，成了河，江，湖，或者最后流入海洋，在这些地方，和这些汇聚的过程中，水会蒸发成为水蒸气，然后上升到天空中，遇到高空空气中的微小颗粒，尘埃等，水蒸气就会依附在这些微粒上形成小水珠，这就成了云朵，当依附在微粒上的水蒸气过多时，这些颗粒所能承载的水珠的重量就被超过极限，所以就成了雨。如此往复循环，大气—海洋循环，永不停止，而且，蒸发是很快很多的，就说海洋，海洋的面积占了地球表面积的 79%。

地壳构造运动、冰川作用、河流冲淤等地质作用下，地表形成许多凹地，积水成湖。露天采矿场凹地积水和拦河筑坝形成的水库也属湖泊之列，称人工湖。湖泊因其换流异常缓慢而不同于河流，又因与大洋不发生直接联系而不同于海。在流域自然地理条件影响下，湖泊的湖盆、湖水和水中物质相互作用，相互制约，使湖泊不断演变。

湖泊的成因：在高山高原、丘陵和平原的地表发生断裂出现凹陷，凹陷的地方逐渐蓄水，形成湖泊，例如青海湖、鄱阳湖、洞庭湖、滇池等。

火口湖：火山喷发后在火山的部会会留下巨大的火山口，火山口逐渐储水而形成的湖泊，例如长白山水池。

河成湖：有些位于平原地区的河流受到河道迁徙摆动、河道淤塞等情况，会在河道上形成湖泊，这类湖泊会因为受到河水注入的影响，在丰水期湖泊会扩大，枯水期会缩小；当水量较平衡时，河成湖形态较稳定，但是当水量变化较大时，河成湖形态的变化也显著增加。湖北境内长江沿岸的湖泊大都是此类。

牛轭湖：在平原地区的河流，会因为水流对河道的冲刷与侵蚀，致使河流愈来愈弯曲，最後导致河流自然截弯取直，原来弯曲的河道废弃，形成所谓的牛轭湖。例如内蒙古的乌梁素海为著名的牛轭湖。

堰塞湖：堰塞湖是由于地质变动，例如火山熔岩流、地震活动等原因引起山崩，造成河谷或河床的堵塞，之後储水形成的湖泊。若是因为火山熔岩堵住而形成的堰塞湖，叫熔岩堰塞湖，例如镜泊湖就是典型的堰塞湖。

冰川湖：冰川湖大多分布在高山有冰河的地方，当冰河溶化时，会因为冰川挖蚀成的坑，和冰山溶化的水堵塞蓄积而成为湖泊，台湾的冰川湖多分布高海拔地区，如雪山山脉。

人工湖水库：人类为了灌溉饮用等因素而在河谷筑起堤坝，拦截河里的水所形成的湖泊，水库可以储存水库，收集更多的水资源，例如浙江的千岛湖等等。

大气降水落到地面先形成片流，然后会向低洼处汇集，越来越多的细流汇聚在一起就形成了河流的雏形。

另外还有一种是冰川融水或者地下水流出地表形成，沉积作用和侵蚀作用在河流的形成中是共同作用的，准确来讲是垂直的侵蚀和侧向的侵蚀。河流会向下侵蚀，这样会导致河床加深。同时也有侧向侵蚀，河床变宽。两者相互作用，在不同的地区作用的相对强度不一。在上游以向下的作用为主，在下游可能以侧向的作用为主。

河流阶地成因时，认为它是由于上游地区地壳抬升，导致上下游落差变大，河流侵蚀增强，河流下切，形成一处阶地，所以需要河流上游地壳持续抬升。首先水流的侧蚀加宽了河道使得流速变慢，河流携带的沉积物就在河床发生沉积，在水底堆积满一层沉积物。后来由于气候变化、地壳抬升或者侵蚀基准面下降等因素使得水流的下切侵蚀力剧增，这层堆积物被水流切开形成阶地坡。水流继续往下侵蚀，两侧的堆积物就完全露出水面，高过洪水位，形成阶地面。然后河流继续重复侧蚀、堆积、下切侵蚀等过程，形成下一个阶地。其次地壳抬升使得该地区河流海拔突然升高，在侵蚀基准面没变的情况下，水流的下切侵蚀力就会剧增，导致阶地面露出、阶地坡形成。之后地壳间歇性地抬升，河流继续侵蚀堆积过程，就出现多级阶地。（多级阶地以最新露出水面，即洪水位上第一级阶地为一级阶地，从下往上递增。一般来说，最上一级的阶地年代最老。）

我觉得根本原因在于太阳的直射点来回移动，行成温差，大气中水分子，水的循环，由于大气的流动，把海洋中的水持续的搬移到陆地。

九、森林

在地球上，森林的历史远比人类久远。迄今通过人类的发现和各种学说的推测，认为：

地球发展到距今约 6 亿年前出现了植物。植物的发展从简单到复杂、新陈代谢、逐渐繁盛，形成了种类繁多、形态各易的植物界，现今已知植物约 50 万种。

在 3 亿年以前地球上便有了茂密的森林，是以木本蕨类为主形成的。现在构成森林的乔木主要是种子植物。

最早的人类祖先，距今不过七百万年。

森林是由无数生物与各种非生命因子有机结合的整体，它是有生命的，具有生长、发育、衰老、死亡等各种规律。天然林形成的完整过程，以原生基面是否有水，分为旱生演替和水生演替。

现在我们所看到的，是经过无数次的森林演替的结果，当第一片树林出现之后，经过不断地繁衍变异进化出现了一个不一样的种子，他长大之后就要经过自然选择，能否在土地上与之前的树竞争养分，在天空中能都突破别的树的阻挠获取阳光，如果成功了，就说明他更加优秀，会慢慢的扩充他的种群，慢慢的占领这片土地，成为这片土地的优势树种，逼死之前占领这片土地的树种，这就演替的一部分。森林里的乔木主要是这样的。这样的过程在不断地进行，千百年亿万年之后我们面前的山是这样的森林。当然也会有意外，雷击，火灾，地震，人类活动，都会影响结果。举的例子是争夺阳光的乔木，那些耐阴的灌木，地被植物也有竞争，他们争的可能养分，也可能是水分。森林演替无处不在进行，也无时不在进行，只是他的时间太漫长了，我们总是忽略了他，也是我们研究的太滞后了。

十、草原

草原的形成原因是土壤层薄或降水量少导致木本植物无法广泛生长。草原源于全球气候干冷期 (出现在新生代)，与它们常混进的莽原、沙漠、灌丛地相似。其实，禾草科本身 (旱熟禾科和禾本科）在新生代早期才进化完成。草原最早出现的日期因地而异。在多个地区，可在新生代化石中发现一系列植被类型，当时的气候逐步变迁。如在过去 5，000 万年里，澳大利亚中部热带雨林接续被莽原、草原，最后是沙漠所取代。在某些地方，草原扩展到接近现代规模的情况仅出现于 200 万年前极度干冷时期，在北方温带区称为"冰期"。

草原与相关植被类型之间通常会出现一种动态平衡。有时候，干旱、火灾或密集放牧的时段有利于草原形成，其他时候，湿季和没有重大干扰时有利于木本植被生长。这些因素在频率和严。

那么为什么大草原上不长树？森林和草原都是很常见的自然景观，抬头是白云蓝天，一眼望去，目光所及都是青青的野草，伴着人的视野仿佛一直连到天边。那么为什么草原上只长草却不长树呢？草原不能变成森林吗？其实这和草原与森林所在的地形、降雨量、温度以及人为因素都有关系。

水乃生命之源，万物的生长都离不开水。水无论说对于植物还是生物都占有极其重要的作用，可在草原地区常年干旱，不光缺少降水，其地表水资源也十分紧缺。而树木的生长需要大量的水。除了水分不够，土壤也是个问题。草原的土质和其它地方的不同，草原下面的土壤有一层"钙积层"，树根根本无法穿过土壤，质地十分坚硬。草原是因为土壤中的水份和大气降水太少导致土壤沙化严重，草原上水分蒸发极快，而大树对水源的要求很高，根部没有足够的水源供养树木，沙漠土质大树也不好扎根。所以就算沙漠里有树生长也是那些根系发达、树叶很细窄甚至没有叶子，比如灌木丛之类的。

　　乔木一般比较高大，树大根深，根部竖直往下生长，而草原泥土层大概只有 20 厘米左右，由于土层浅薄，即使雨量充足，土层的含水量仍然不多，而草原地区年降雨量较少，少雨干旱，再加上草原上的气候变化无常，水分蒸发相当快，因而土层中的水分更容易丧失。并不适合高大的乔木生长，如若乔木有幸在草原上生存下来，遇到大风天气仍是会被吹倒。所以草原的土壤，是不支持乔木植物生存的。草地上的土是非常硬的，草地里含有一种钙质层，这层泥土非常坚硬，大树的根无法伸进泥土里，这就是为什么草原上没有大树的原因。另外草原气候变化无常，冬天不仅寒冷而且漫长，而夏天虽然降水量有所增加，但草原整体的气候并不规律，干旱的现象时有发生，所以就是有树也会干旱而死。大草原上并没有树木，也和它的温度有关。草原上温度是比较高的，但是降水量却不高。一般来说，一个地方的温度与降水量成正比，也就是当温度高，降水量高，或者温度低，降水量低的情况下，树木是可以生存的。然而草原上的条件并不能满足树木的生长条件，所以说，树木在草原上是生存不下去的。

十一、沙漠

　　沙漠形成的条件之一就是干旱的气候。当你打开世界地图的时候，会发现有沙漠的地区大多在北回归线和南回归线之间。南、北回归线间的位置就是太阳在一年之中能够直接照射到的地方，所以与其他地方相比，沙漠的温度较高。气温高了，泥土中的水分蒸发得就比较快，最终逐渐变成了干燥的沙子。除此之外，稀少的降水量也是形成沙漠的主要原因。这些没有雨水滋润的地区，终日经受太阳的炙烤，慢慢就变成了沙漠。在电视中看到沙漠时，我们不禁感叹于那一眼望不到边的壮观。这要归功于风对沙土的搬运了。沙漠地区的风力十分强盛，将地面的泥沙吹跑后，在风力减弱或遇到障碍物时堆成许多沙丘，掩盖在地面上，最终形成沙漠。因此，沙漠的地表会随着风的吹动而变化出不同的形态。地球陆地的三分之一是沙漠。由气候因素而形成的沙漠集中分布在南北纬度 15°—35° 之间。集中分布于亚洲的中部和美国西部。

那么沙漠是怎么形成的，沙漠存在于地球所有的大陆板块中，但是它们从哪里来？为什么它会再次处于现在的位置？沙漠的形成主要受气候条件和地理位置的影响。世界上大多数沙漠地区分布在赤道两侧。那里的空气从大约 10 公里的高度下沉，导致气压上升，气温升高，之前干燥炎热的地区将变得更加干燥炎热。风干意味着云层少，光照强，降水有限，有利于沙漠的形成。当山地背风面形成雨影区（背风面降水较少）时，也会产生沙漠。南美洲的巴塔哥尼亚沙漠就是一个例子。在这里，太平洋潮湿的空气吹向大陆，但山脉的存在使空气上升，温度下降，空气中的水汽下雨。风向转到山后，空气再次下沉，气温升高。此时空气中水分很少。每年降水量低于 250 毫米的地区就是沙漠。如果一个地区长期处于低降雨量，该地区的大部分植被就会消亡。植物群落的减少会使土壤暴露在外面，导致土壤干涸，最后干燥的土壤被风吹走，岩石、石头和砾石暴露在外面，最后石头被风化逐渐成为沙子，这就是土地的沙漠化。根据联合国提供的数据，全世界每年大约有七万平方公里的土地变成沙漠。这当中有部分是由于自然气候的变化，也有一部分是由于人为的全球变暖和土壤流失。在萨赫勒地区（将撒哈拉沙漠北部和潮湿的南部非洲分开）人们通过种植绿色灌木、树木和植物来预防沙漠化。

土地是如何变成沙漠的，土壤比沙漠多了什么物质？沙漠和沙漠化土地沙漠是一种地貌，它的成因是在气候条件、地质活动等诸多复杂因素下形成的，比如我国的沙漠基本上就是在第四纪的各个时期形成的，时间跨度非常大，它们的扩张和收缩受气候影响较大，湿润的时候收缩，干旱的时候扩大。它分布在干旱区，它的面积广大，地貌形态复杂。沙漠化土地是人类历史时期出现的，是人类不合理开发利用导致的，时间跨度非常小，尤其是近100年来的沙漠化。它的扩张和收缩受人类开发强度的影响较大，所以其分布不限于干旱地区，在湿润地区也存在沙漠化的问题，比如海南省就有将近9万亩的沙漠化土地。沙漠化土地的面积相对较小，地貌类型简单。所以，沙漠不需要根治，也根治不了。沙漠也有它非常重要的环境价值，沙漠为下风向提供丰富的营养物质，比如我们的黄土高原。当然，为了沙漠周边人类生活的安全和便利，对沙漠的扩张进行针对性的限制，也无不可。当然，重点是沙漠化。回到楼主的问题里来：沙漠化的原因是，人类不合理的利用，具体体现在三个方面。1、过度开垦2、过度放牧3、过度樵材具体的原理是：开垦会将土壤表面起到保护作用的植被、枯枝落叶、结皮等打碎，暴露出的土壤在阳光和季风的作用下，迅速变干，原有的团粒结构被破坏，失去粘连的效果，细颗粒等营养物质会通过风或者降水被带走，无营养的粗颗粒留了下来，形成沙化。放牧主要体现在牲畜对地表植被的破坏，以及踩踏对地表结皮的破坏。樵材主要是导致植被多样性下降，风蚀抵抗能力减弱。沙漠化土地和质地良好的土壤的区别，简单来说就是：1、更简单的土壤剖面层次 2、更少的团粒结构 3、更少的有机质 4、更少的生物 (微生物、昆虫、小动物等) 综上所述：1、沙漠是自然因素形成的，面积变化主要受气候影响，是地球自然环境的一部分。2、沙漠化是人类不合理的经济行为导致的土地退化，它是在隐性的沙化条件下，人类活动的放大过程，主要受人类干扰强度的变化而变化。沙漠化也是中国最严重的环境问题之一。

沙漠是自然形成的还是认为形成的？沙漠的形成分为自然原因和人为原因。人为原因的如黄土高原及其北边的毛乌素沙漠，目前认为是历史时期内人类因素主导下大规模破坏植被，综合这些地方的自然气候条件，最终导致沙漠或荒漠或黄土（沙）范围扩大。基于此，我们国家从 1999 年开始在全国退耕还林还草，黄土高原尤为突出，至今，治理效果明显，植被增加，水土保持向好。至于自然原因形成的沙漠，比如我国大陆内部的塔克拉玛干沙漠，这是海陆地带性差异以及地形条件造成的，常年降水稀缺；比如非洲的沙哈拉沙漠，这是气候的原因，一是该地区常年被副热带高压控制，气流下沉，高温少雨；二是地形条件（东部埃塞俄比亚高原）阻挡湿润水汽，难以在内陆地区形成降水；此外还有一些地区的沙漠，明明是靠海的，但却也是沙漠（俗称海滨沙漠），这是副高气候，地形和洋流（具体是寒流，寒流有降温干燥的影响）的影响，比如智利的阿塔卡沙漠，非洲的纳米布沙漠，美国西岸的索诺兰沙漠，一般这种沙漠容易在大陆的西海岸形成。简单总结一下：形成沙漠的主导因子是气候及地形的，如塔克拉玛干沙漠，撒哈拉沙漠以及海滨沙漠；人为因子以及气候地形因子综合的，如黄土高原附近的黄沙地毛乌素沙漠等；至于我国的阿拉善，库布齐，塞罕坝等沙漠，大家可以自己分析分析。知道了沙漠形成的基本原因，题目是我国的沙漠如何形成的？及如果是自然形成的，可否通过植树改变？治理沙漠，肯定是都有难度，沙漠环境恶劣，寸草不生，谈治理何其容易？如果这种沙漠是人为原因大量砍伐树木开垦草地造成的，那么在长期时间内综合整治应该可以恢复些。如果是治理自然成因沙漠，如海滨沙漠，内陆沙漠，那不可能。最后，自然沙漠的存在有其自身的合理性，他对气候调节是有作用的。不要老是想着消灭沙漠，这样是不对的。

十二、冰川

冰川是水的一种存在形式，是雪经过一系列变化转变而来的。要形成冰川首先要有一定数量的固态降水，其中包括雪、雾、雹等。没有足够的固态降水作为原料，就等于无米之炊，根本形不成冰川。冰川存在于极寒之地，地球上南极和北极是终年严寒的，在其他地区只有高海拔的山上才能形成冰川。人们知道越往高处温度越低，当海拔超过一定高度，温度就会降至零度以下，降落的固态降水才能常年存在。这一海拔高度，冰川学家称之为雪线。在南极和北极圈内的格陵兰岛上，冰川是发育在一片大陆上的，所以称之为大陆冰川。而在其他地区冰川只能发育在高山上，所以称这种冰川为山岳冰川。在高山上，冰川能够发育，除了要求有一定的海拔外，还要求高山不要过于陡峭。如果山峰过于陡峭，降落的雪就会顺坡而下形不成积雪，也就谈不上形成冰川。雪花一落到地上就会发生变化，随着外界条件和时间的变化，雪花会变成完全丧失晶体特征的圆球状雪，称之为粒雪，这种雪就是冰川的原料。

积雪变成粒雪后，随着时间的推移，粒雪的硬度和它们之间的紧密度不断增加，大大小小的粒雪相互挤压，紧密地镶嵌在一起，其间的孔隙不断缩小，以致消失，雪层的亮度和透明度逐渐减弱，一些空气也被封闭在里面。当粒雪密度达到每厘米 0.5 克至 0.6 克时，粒雪融化过程变得缓慢。在自重的作用下，粒雪进一步密实或由融水渗浸再冻结，晶粒改变其大小和形态，出现定向增长。当其密度每厘米达到 0.84 克时，晶粒间失去透气性和透水性，这样就形成了冰川冰。冰川冰最初形成时是乳白色的，经过漫长的岁月，冰川冰变得更加致密坚硬，里面的气泡也逐渐减少，慢慢地变成晶莹透彻带有蓝色的水晶一样的冰川冰。冰川冰在重力作用下，沿着山坡慢慢流下，逐渐凝固就形成了冰川。

为什么冰川看起来是蓝色的？在寒冷的极地或高海拔地区，存在着大量的冰川。这些冰川就像是一堆堆巨大的蓝色水晶，非常漂亮。同样都是冰，为什么我们常见的冰是白色的而冰川却是蓝色的呢？这里需要回溯一下冰川的形成过程。我们通常所见到的冰都是由液态的水冷却到 0℃ 以下凝结形成的，里面经常带有小气泡。于是，入射的光线会在冰 - 气泡界面上发生反射，此外冰晶粒之间的晶界也会产生反射。于是冰便呈现白色。冰川尽管也是冰，但它却不是由降落的雨水凝结，而是由雪花形成的。在极地和高海拔地区，寒冷的气候使得落到地面的雪花很难融化，这样，地面上的雪就会越积越多。最后的结果是新降落下的雪盖在之前的雪上面，压力越来越大，原本比较松散的雪便会被逐渐压实，成为粒雪。最下方的粒雪则会变得越来越硬也越来越紧密，这就形成了冰。在这个过程中，原来松散的雪之间存在的空气有一部分会被挤出去，还有一部分会被封闭在最后形成的冰川之中，形成一个个特别小的小气泡。也就是说，形成之初的冰川还没有变色，同我们在日常生活中见到的冰一样，也是白色的。但过了一段时间之后，还会有越来越多的雪压在它上面，使其进一步被压实，其间的孔隙不断缩小，变得更加紧密。也就是说，成为了完美的冰晶体。水分子总体对可见光波段的吸收都很微弱，看起来是透明的。但它对红光的吸收要超过蓝光，这种吸收是由于水分子中 O-H 键的振动导致的。因此，当光线穿过很纯的水或者冰时，会有更多的红光被吸收。当水体和冰层较厚时，便会呈现出令人心醉的蓝色。冰川的颜色常被认为和产生蓝天的瑞利散射有关。瑞利散射的强度与波长 4 次方成反比，适用于尺寸远小于（＜1/10）可见光波长的微小颗粒。可见光的波长为 400 ～ 800 纳米，也就是说当颗粒的直径小于 40 ～ 80 纳米时，才能较明显地形成的瑞利散射。蓝天的成因，就是由空气中氮氧等分子以及它们无规律运动导致的密度涨落造成的瑞利散射。水分子同样会有瑞利散射，但仅考虑散射效应时，可见光谱中剩下的直射红光（类似天空中直射的阳光）仍然会进入我们的眼睛。因此，水分子对红光的吸收，才是冰川颜色的主要成因。

　　我觉得冰川成因的观点是，地球冰川期是一种全球性的温度减低，地球热量来源最主要的是太阳，只有太阳辐射热量出现变化，才可能导致地球温度大幅度变化，太阳自转速度存在周期变化，自转速度的变化，引起了太阳辐射热量改变。天体自转是被动的，天体自转快慢取决于天体所在区域以太运动速度的变化率，变化率越快这天体自转越快，变化率越慢则天体自转越慢，天体自转快慢，将直接引起太阳内部的压力变化，这种压力的变化，决定了太阳内部核聚变的剧烈程度，太阳自转速度与太阳辐射的热量，太阳自转速度应该是连续变化的，但是其辐射的热量却存在突变。当自转速度在某个区间时，太阳内部的压力能够聚变形成大量热量，由于在不同压力下，聚变形成的主要元素不同，导致在不同转速区间，太阳辐射的能量是有差别的当太阳转速逐渐减低时，内部压力减少，聚变形成的主要元素发生变化，那么太阳辐射的能量将急剧减少，这时对应地球，接收到太阳的总能量减少，气温将大幅度降低，从而形成了大大小小不同的冰川期。当然反过来，太阳转速增加，辐射能量也会有突然增加的现象，对应地球温度也会迅速升高。

地球冰川期的周期出现，本质原因是太阳公转过程中，在不同公转中心的综合影响下，自转速度会发生周期性变化；这种自转速度的周期变化导致太阳内部压力变化，压力变化影响了太阳内部聚变反应的剧烈程度，从而影响了太阳辐射热量变化；太阳辐射热量的改变，导致了地球气候变化；太阳热量辐射减少时，地球便会进入冰川时期。

本文仅供参考，如有不妥之处，请指正！

参考文献：

[1] 宇宙奇观：星系碰撞 [J]. 李良 . 天文爱好者 . 1994(02)

[2] 科学家谈天文学重要方向 星系的演化 [J]. 李成 . 科学观察 . 2020(02)

[3] 星系中分子气体与恒星形成的研究进展 [J]. 高扬 , 肖婷 . 天文学进展 . 2020(02)

[4] 银河之外的星系墙 [J]. 夏冰 . 世界科学 . 2020(10)

[5] 星系的生命和呼吸 [J]. 乔琦 , 安·芬克拜纳 . 世界科学 . 2019(10)

[6] 在 30 亿光年距离外星系数量锐减 [J]. 张橙华 . 物理教师 . 2001(01)

[7] 星系空间取向的理论和观测研究 [J]. 康熙 , 王鹏 , 罗煜 , 夏千里 , 潘恒星 . 中国科学 : 物理学 力学 天文学 . 2017(04)

[8] 卫星星系动力学状态对星系属性的依赖 [J]. 裴远 , 王慧元 . 天文学报 . 2017(03)

[9] 迄今最远距地 132 亿光年星系"现身"[J]. 冶金企业文化 . 2017(04)

[10] 怎样发现暗星系 [J]. 高凌云 . 现代物理知识 . 2016(03)

[11] 用"天眼"探秘宇宙 人类能找到外星文明吗 [J]. 钱磊 . 科学大观园 . 2019(Z1)

[12] 中国在贵州建设世界最人 500 米口径球面射电望远镜 [J]. 中国无线电 . 2016(07)

[13] 惜，"美国天眼"终成历史；盼，中华利器开拓未来 [J].

124

乔琦．世界科学．2021(03)

[14] 生物进化的重大事件——陆地植物的起源及其研究的新进展 [J]. 李承森．中国科学基金．1994(04)

[15] 陆地植物是怎样发生的 [J]. 陈阜东．植物杂志．1981(04)

[16] 全球陆地植物生长状况 [J]. 常丽君．今日科苑．2011(20)

[17] 一种评价陆地植物资源利用前景的估量方法——以浙江药用蕨类为例 [J]. 张朝芳．植物生态学与地植物学丛刊．1984(03)

[18] 陆地植物系统发育研究的工作平台构建 [J]. 孟珍, 陈之端, 黎建辉, 刘红梅, 何星, 林小光, 张寿洲, 李勇, 胡良霖, 周园春．计算机工程．2010(20)

[19] 陆地植物的祖先 [J]. 汪开治．生物学通报．1993(01)

[20] 淡水环境——陆地植物的摇篮 [J]. 孙航, 李志敏．植物学通报．1990(02)

[8] 陆地植物群落生活型研究进展 [J]. 刘守江, 苏智先, 张璟霞, 胡进耀．四川师范学院学报 (自然科学版).2003(02)

[21] 探寻最古老的陆地植物 [J]. 安地．浙江林业．2002(06)

[22] 我国科学家发现植物祖先陆地化 "转基因" 过程 [J]. 农业科技与信息．2020(12)

[23] Rubisco and carbon-concentrating mechanism co-evolution across chlorophyte and streptophyte green algae. [J]. Goudet Myriam M M,Orr Douglas J, Melkonian Michael, Müller Karin H, Meyer Moritz T, Carmo-Silva Elizabete, Griffiths Howard. The New phytologist . 2020 (3)

[24] How Plants Conquered Land[J] . Stefan A. Rensing. Cell.

2020 (5)

[25] The Penium margaritaceum Genome: Hallmarks of the Origins of Land Plants[J] . Jiao Chen, Sorensen Iben, Sun Xuepeng, Sun Honghe, Behar Hila, Alseekh Saleh, Philippe Glenn, Palacio Lopez Kattia, Sun Li, Reed Reagan, Jeon Susan, Kiyonami Reiko, Zhang Sheng, Fernie Alisdair R.,Brumer Harry, Domozych David S., Fei Zhangjun, Rose Jocelyn K.C. Cell. 2020 (prep)

[26] Genomes of early-diverging streptophyte algae shed light on plant terrestrialization. [J]. Wang Sibo, Li Linzhou,Li Haoyuan,Sahu Sunil Kumar,Wang Hongli, Xu Yan, Xian Wenfei, Song Bo, Liang Hongping, Cheng Shifeng, Chang Yue, Song Yue, Cebi Zehra, Wittek Sebastian, Reder Tanja, Peterson Morten, Yang Huanming, Wang Jian, Melkonian Barbara, Van de Peer Yves, Xu Xun, Wong Gane Ka-Shu, Melkonian Michael, Liu Huan, Liu Xin. Nature plants. 2020 (2)

[27] The Origin of Land Plants Is Rooted in Two Bursts of Genomic Novelty[J]. Alexander M.C. Bowles, Ulrike Bechtold, Jordi Paps. Current Biology. 2020 (3)

[28] Tracking the evolutionary innovations of plant terrestrialization[J]. Jian-Guo Gao. Gene. 2020 (prep)

[29] Genomes of Subaerial Zygnematophyceae Provide Insights into Land Plant Evolution [J]. Shifeng Cheng, Wenfei Xian, Yuan Fu, Birger Marin, Jean Keller, Tian Wu, Wenjing Sun, Xiuli Li, Yan Xu, Yu Zhang, Sebastian Wittek, Tanja Reder, Gerd Günther, Andrey Gontcharov, Sibo Wang, Linzhou Li, Xin Liu, Jian Wang, Huanming

Yang, Xun Xu, Pierre-Marc Delaux, Barbara Melkonian, Gane Ka-Shu Wong, Michael Melkonian. Cell. 2019 (5)

[30] The Chara Genome: Secondary Complexity and Implications for Plant Terrestrialization[J]. Tomoaki Nishiyama, Hidetoshi Sakayama, Jan de Vries, Henrik Buschmann, Denis Saint-Marcoux, Kristian K. Ullrich, Fabian B. Haas,Lisa Vanderstraeten, Dirk Becker, Daniel Lang, Stanislav Vosolsobĕ, Stephane Rombauts, Per K.I. Wilhelmsson, Philipp Janitza, Ramona Kern, Alexander Heyl, Florian Rümpler, Luz Irina A. Calderón Villalobos, John M. Clay, Roman Skokan,Atsushi Toyoda, Yutaka Suzuki, Hiroshi Kagoshima, Elio Schijlen, Navindra Tajeshwar, Bruno Catarino, Alexander J. Hetherington, Assia Saltykova, Clem. Cell. 2018 (2)

[31] Plastid phylogenomic analysis of green plants: A billion years of evolutionary history. [J]. Gitzendanner Matthew A, Soltis Pamela S, Wong Gane K-S, Ruhfel Brad R, Soltis Douglas E. American journal of botany. 2018 (3)

[32] The Physcomitrella patens chromosome-scale assembly reveals moss genome structure and evolution. [J]. Lang Daniel, Ullrich Kristian K, Murat Florent, Fuchs Jorg, Jenkins Jerry, Haas Fabian B, Piednoel Mathieu, Gundlach Heidrun, Van Bel Michiel, Meyberg Rabea, Vives Cristina, Morata Jordi, Symeonidi Aikaterini, Hiss Manuel, Muchero Wellington, Kamisugi Yasuko, Saleh Omar, Blanc Guillaume, Decker Eva L, van Gessel Nico,Grimwood Jane, Hayes Richard D, Graham Sean W, Gunter Lee E, McDaniel Stuart

F, Hoernstein Sebastian N W, Larsson Anders,Li Fay-Wei, Perroud Pierre-Francois, Phillips Jeremy, Ranjan Priya, Ro. The Plant journal: for cell and molecular biology. 2018 (3)

The Solar System Revealed

Yunpo Mi

Introduction

《The Solar System revealed》 explores the origin of the Sun, which is the most important event in the universe. Scientists are building an increasingly clear picture which describes all the events that have occurred since the formation of matter, space and time.

"The Universe revealed" highlights various aspects of the origin of the universe. It also presents us with multiple new theories that follow the big bang theory, including the theory of the formation of the motion of the solar system, the theory of the formation of the motion of the Earth, and the theory of the formation of the motion of the Milky Way, which are important references for understanding the Sun.

In the book The solar system revealed, the author took intuitive experiences and field surveys, traveled around the world to explore how the Earth works, and introduced each of the forces that shape the Earth and sustain life: celestial collisions, volcanoes, the atmosphere, oceans, and glaciers. Renowned science writer Mi Yunpo adopts unique transcendental thinking and the latest scientific discoveries to tell the story of the epic phenomenon of the origin, life and future of the Earth. How did the collision from the Earth's "twin brother" form the Moon today? How did the Earth survive a multi-million year-long freeze? How did the Earth warm up? How does the Earth's core act as a "thermodynamic" force? How did Mars save the Earth? The Earth's ability to sustain complex life is due to a great deal of luck and coincidence. After 4.5 billion years of "core churning" and "space impact", it took a long time to evolve into a vibrant blue planet. But now, at the beginning of the 21st century, the Earth is facing new threats from human activities: depletion of resources, extinction of rare species, and increasing pollution. Although scientists predict that at some point in the future, life on Earth will die out as the sun heats up and expands dramatically, but have certain human behaviors accelerated this process?

The second focus mainly tells the incredible stories in nature, exploring the lives of plants and animals that live in the oceans, on land, or in the sky, and their extraordinary strategies for survival and reproduction; presenting the diversity and ingenuity of life on Earth in vivid and entertaining stories. Among millions of species of plants and animals on Earth, each is destined to struggle for survival for a lifetime. Everything has a spirit, and the charm of life is to be born and to adapt itself to nature through thousands of years of changes. This book will take you on a remarkable journey through the life of the planet's resilient and creative flora and fauna.

Ultimately, the fate of our future depends on us. There is no better time than now to review the remarkable journey of life and give the Earth a thorough physical examination.

Table of Contents

Preface

Seeing that the scientists are all foreigners, as a Chinese in the United States, I feel unfair from the bottom of my heart. I have been studying changes in cosmic phenomena and changes in the movement of the earth for 30 years. I have always held a skeptical attitude towards the arguments put forward by foreign experts. The process to demonstrate the fact is arduous, but in order to seek the truth, I think everything is worth it. The reason is that their views are not correct, the incoherent foreign arguments, the blind man's theory of gravitation. The theory of gravity does not make sense and relativity pitifully comes to rescue, mainly because those arguments and views don't confirm the facts. In response to this, I have to talk about my views and perceptions of nature and the earth and the universe. These views are the conclusions drawn through my 30-year observation and experiment and analysis, so as to give readers some references. Please correct me if there are any deficiencies. In the future, I will continue to explore the mysteries of the Earth and the universe with my life's work.

Ancient humans dominate the Earth, and since we are an

intelligent species different from plants, we can use our own wisdom to transform the Earth and make it more suitable for human habitation. We are the real masters of the earth, in reality, more accurately, we humans are the later comer, human life on earth is only a million years, and the most ancient life on earth also has an existence of billions of years, the presentation of humans in the history of life on earth is a short moment. Humans are too tiny, not to mention humans, even the Earth, the Sun and even the Milky Way are like a drop in the ocean in comparison to the vast universe. Since the emergence of the universe, it has evolved from time to time under the laws of nature, with its own set of physical laws. And the emergence and existence of human beings lets us step by step to discover the deep hidden laws of nature, and reveal the essence of the universe.

Chapter 1: The causes of the Galactic motion

If there is only one galaxy in the space of the universe, then the Milky Way is what we call the universe, and if there are two or more galaxies similar to the Milky Way in the space of the universe, then the universe includes all galaxies similar to the Milky Way. So to know the whole universe, we must first know the Milky Way. The Milky Way is the union of two stars, the Sun is moving by the force of two stars, Pluto is the union of two stars interacting with each other, Cajun has meteorite craters but without meteorite, Pluto is bigger than Cajun, it should have meteorite craters but it doesn't.

The Milky Way is the galaxy where the solar system is located. It belongs to the barred spiral galaxy. It includes 100-400 billion stars and a large number of clusters, nebulae, as well as various types of interstellar gas and interstellar dust. The light of many stars in the Milky Way galaxy forms the Milky Way, which becomes an irregular shining belt surrounding the night sky,

This belt of starlight is located roughly on the plane of the silver disk. The Milky Way is typical of the swirling galaxy category of galaxies. Its core is surrounded by a huge central nuclear sphere.

Today we will learn more about the causes of the motion of the Milky Way galaxy. The Milky Way is a typical spiral galaxy among the types of galaxies. Around its core is a huge Galactic bulge. Today we are going to popularize the causes of the motion of the Milky Way with the help of science.

When a galaxy with a galactic nucleus orbiting at high speed in the universe chases another galaxy with a galactic nucleus, if they are traveling at similar speeds, they consume each other and form a larger galaxy. If these two galactic nuclei meet, they will revolve around each other to form a more massive, high-speed spinning galactic nucleus. The galaxy starts out in a chaotic state, and all spheres collided, united, gathered, and rapidly formed big spheres, and those big spheres become the center of the galaxy; the galaxy has two galactic centers, like that a Tai Chi fish's two eyes shares one heart, each with its own cluster of stars, and the two galactic centers interacts with each other, which is why there are multiple spiral arms. Its core is surrounded by a huge central nuclear sphere with spiral arms that wrap around it. These curved spiral arms also make the shape of the galaxy look like a huge wheel.

The solar system moves with the north pole of the sun in front of the south pole, and the planets go around the sun, sometimes between the sun and the galactic center, sometimes above the galaxy, sometimes below the galaxy, sometimes on the rays of the galactic center and the sun, sometimes in the middle of the galactic center and the sun and sometimes on the outer side of the galactic center and the sun; the planets move parallel to each other on the equatorial plane of the sun, and the solar system is in the galaxy, but it doesn't move on the galactic plane, the motion of the solar system is a cut-off to the galactic plane, that is, the vertical motion of the sun motion is driven by two external forces, the force to drive it to move forward is a galactic center, the force to drive it to rotate is another galactic center, the planetary motion is driven by one solar force,the solar motion is driven not by force from one galactic force, but by forces from two galactic centers.

The Milky Way is independent, so it may collide with other galaxies in many billions of years, and it moves under the interaction of the two galactic centers, they are a companion star system, and this is evidenced in the study of the solar system, the double star companion. The galactic centers also rotate, there is also collapse force and centrifugal force. The galactic centers emit light, which is received by the sun, because the sun is too large, the light shines on its north pole, which creates an unequal pressure to the pressure on the south pole, thus causing the north pole in front of the south pole when the sun moves.

The laws of motion of the Milky Way are not the same as those of the solar system, because the Milky Way has two centers, causing the solar system to cut the plane of the Milky Way; Einstein said that the speed of light is constant, but is this really the case? Light is emitted by the sun, if the sun is twice as large, will the speed of light be faster? What if the sun is like the earth? Will the speed of light still be 300,000 kilometers per second? So if we reverse reasoning on these kinds of questions, we will reach a conclusion. So if the speed of light is not wrong, then everything else is going to be wrong, including the light speed of other stars in the galaxy which are calculated based on the speed of light of the sun, the size of the universe which is also calculated based on the speed of light of the sun, if based on this reasoning the diameter of the universe is 93 billion light years, what should it be if the light speed of other stars is fast or slow?

Atomic bomb explosion will also have a starting point, a star shines because it is too big, the mass of the star collapses, all the planets in the solar system together do not account for two percent of the sun, so we can see how big the sun is, there are many stars which are bigger than the sun, but they don't emit light according to the light speed of the sun, the speed of light is related to the collapse degree of a star, what if the collapse is higher? Is there a limit to the degree of collapse?

Around the central core of the Milky Way galaxy, there are mainly solar-like galaxies and stars, followed by black holes, wandering stars, comets, and invisible and unobservable dark matter and micro particle matter. The galaxies, black holes, and planets around the Milky Way are all independent of each other and move in small collective form in a regular arrangement around the center of the galaxy. Of course, there are smaller objects in the galaxy, mainly gas or liquid as the main mass, with relatively small molecular weight, such as comets, which are in regular motion in the galaxy itself due to their relatively high energy, but when they receive the force from the neighboring galaxy, they will run from this galaxy to another galaxy.

Any material has its own volume, so the various constituent genes of the galaxy shrink to a certain point and then stop shrinking, on the contrary, the movement of the genes that stop shrinking does not stop, but begin to expand again, and infinitely repeat this process like this in space.

I. Group of Stars-Nebula

Nebulae are interstellar clouds of dust, hydrogen, helium and other ionized gases. Originally, a nebula was defined as a general term for any diffuse celestial body, including galaxies beyond the Milky Way. For example, the Andromeda Galaxy was once called the Andromeda Nebula (and spiral galaxies, generally called "spiral nebulae").

Most nebulae are very large, and some can reach hundreds of light years in diameter. The Orion Nebula, the brightest nebula in the sky, occupies an area twice the diameter of the full moon and can be seen directly from Earth with the naked eye, although unfortunately it was not seen by early astronomers. Although nebulae are denser than the surrounding space, most are much less dense than the vacuum created on Earth - the total mass of a nebula with the size of Earth is only a few kilograms. Many nebulae are visible to humans on Earth due to the light produced by the embedded hot stars, while others are so diffuse that they can only be detected by long exposures and special filters. Some nebulae are illuminated by T Tauri star. Nebulae are usually regions where stars are born. In these regions, gas, dust, and other matter will "cluster" together and form denser regions that attract more material and eventually become dense enough to form stars. The remaining material is thought to form planets and other planetary bodies. Nebulae have a variety of formation mechanisms. Some nebulae are formed from gas in the interstellar medium, while others are produced by stars. An example of the former is a massive, broad molecular cloud and it needs to be in the coolest, densest phase of the interstellar gas that can be formed by the cooling and condensation of more diffuse gas. An example of the latter case is a planetary nebula, which is formed by material "blown out" by the star at a later stage of its evolution.

Star-forming regions are a type of emission nebulae associated with giant molecular clouds. These forms of molecular clouds collapse under their own weight and begin to form proto stars. Massive stars are likely to form at their centers, where their ultraviolet radiation ionizes the surrounding gas, making them visible at optical wavelengths. The ionized hydrogen regions surrounding massive stars are called H II regions, and the neutral hydrogen shell layers surrounding H II regions are called photo dissociation regions (or photon control regions, or PDRs). Examples of star-forming regions currently observed are the Great Orion Nebula (M42), the Rosette Nebula, and the Omega Nebula (M17). Feedbacks from star formation, such as supernova explosions from massive stars, stellar winds or ultraviolet radiation from massive stars, or outflows from small-mass stars, can disrupt nebulae and even destroy the structure of entire nebulae millions of years later. Other nebulae, however, are the result of supernova explosions, which are the death of most short-lived stars. The material released from a supernova explosion is subsequently ionized by its energy and by the dense objects produced in its core. One of the best examples of this is the Crab Nebula in Taurus. This supernova event was recorded in 1054 A.D. and is labeled SN 1054. The dense object produced after the explosion is located at the center of the Crab Nebula, and its nucleus is now a neutron star. There are other nebulae that also form planetary nebulae. These are the final stages of life for low-mass stars, like the

Sun. When the mass of the star is up to 8-10 times the mass of the Sun, the star evolves into a red giant and slowly loses its outer layers during its atmospheric pulsations. When a star loses enough matter (mass), its temperature rises and the ultraviolet radiation it emits ionizes the surrounding nebula it has abandoned. The same is the fate of the Sun later, as it approaches the final stage of its life, it will produce a planetary nebula, and eventually the Sun will become a white dwarf star, slowly fading in brightness and temperature until it disappears into the universe.

The nebula can be said to be the home of the stars. When you look up at the sky, have you ever wondered where these stars come from and where they end up, as if they have been there for ages? Nebulae, in the universe as we know it, are where all the stars come from, and where most of them end up. In classical times, long before the night sky was obscured by light, humans observed these ethereal beings, but it is only in the last century or so that we have come to a general understanding of what nebulae are: gas and dust that pervade the interstellar space, with hydrogen and helium as their primary constituents. Traditionally, nebulae are distinguished by their morphology into diffuse nebulae, planetary nebulae, and supernova remnants. Among them, diffuse nebulae generally include those without obvious boundaries, such as the Flame Nebula in Orion (NGC 2024), about 6 light-years in diameter, the Cat's Claw Nebula in Scorpius (NGC 6334), about 40 light-years in diameter, and the Lagoon Nebula in Sagittarius (NGC 6523), about 140 light-years in diameter, to name a few. They are smoky and foggy, and they reveal fantastic and mysterious colors under different filters and colorings of astrophotography. Planetary nebulae are much clearer: they are shell-like atmospheres of intermediate-mass stars that have evolved to old age, expanded outward during the red giant phase, are several light-years in diameter, and are excited by the internal debris to emit bright and vivid light. Because of their similar evolutionary history, they tend to have a similar structure, with a translucent interior, bright outer layers, and central symmetry, as if they were a planet, but eventually disintegrate into diffuse nebulae, returning the star's unused and newly made elements to the stars. In particular, before the red giant evolves into a planetary nebula, it goes through an eruption phase, badly called the "proto-planetary nebula". These often take on a distinctive X shape due to the release of large amounts of material from the poles of the star. Supernova remnants are an enhanced version of planetary nebulae. When a massive star explodes as a supernova late in its evolution, the remnants left behind are supernova remnants, such as the "Crab Nebula" that has made many appearances in the program - they often have variegated turbulent structures, and the neutron stars at their cores can be powerful sources of radiation, such as Cassiopeia A, the youngest supernova remnant in the Milky Way, which is 11,000 light-years away from Earth but the most powerful radio source in the sky besides the Sun. But in addition to massive stars, white dwarfs can also swallow their companions and then explode into supernovae. Most such supernova remnants show a distinct shell-like appearance, with the outer layers coming from the outbursts of white dwarf formation and the inner layers coming from the outbursts of supernovae without a dense radiative core, with B Cassiopeia (SN 1572) being the most typical case. -but either type of supernova remnant will eventually disperse into diffuse nebulae, seeding the universe with large amounts of metallic elements. Meanwhile, some supermassive stars enter a phase of extreme brightness and massive ejections of material prior to their supernova outbursts, and this ejected material envelops the star and is gradually blown up by the star, forming a bubble-like nebula called the Wolf–Rayet nebula. We already know so many nebulae, but the bad thing is that nebulae are classified in different ways in different fields, for example, in astronomers' observations, nebulae are more often classified as emission nebulae, reflection nebulae, and dark nebulae according to the way they emit light. Emission nebulae are nebulae that emit visible light because of high temperatures or excitation, and may be any of the traditional classifications; reflection nebulae and dark nebulae are nebulae that do not emit visible light, the difference is that the former are visible to us because they reflect the surrounding starlight, and the latter are visible to us because they block the starlight. They are mostly diffuse nebulae with low temperature, always appearing together and mixing with emission nebulae to form some magnificent scenes, besides the Orion Nebula and the nearby Horsehead Nebula, the Finger of God in the Great Nebula at the base of the Carina is also a famous example. However, in astrophysics, we distinguish them by the temperature, density, and degree of ionization of gases, the most common designations such as molecular clouds, neutral hydrogen regions, i.e., H I, and ionized hydrogen regions, i.e., H II, cover larger scale structures, such as the entire Orion constellation covered by the Orion Molecular Cloud, which covers hundreds of light years of space, weighs as much as several hundred thousand suns, and occupies more than 4% of the night sky --The Great Orion Nebula is only a small part of the Orion Molecular Cloud between Orion's legs. Such huge structures are heated by gravitational contraction, or by stellar heating, and the hydrogen molecules disintegrate into hydrogen atoms, the neutral hydrogen regions, which we often observe in the tidal structures of galaxies as they merge. And at higher temperatures, hydrogen atoms become hydrogen ions, the ionized hydrogen regions, and all emission nebulae are probably ionized hydrogen regions, which are the cradles of stars, again exploding into new life in dark structures like the Pillars of Creation - but that's another majestic story.

II. Galaxies

The common view now is that the primary perturbation evolves to become larger and larger , bringing about galaxy formation, where the density inhomogeneity of the primary perturbation can be reflected by the quadrupole moment of the microwave background radiation. Hot dark matter refers to matter like neutrinos that still maintain a large temperature when decoupled. Particle physics studies (e.g. neutrino oscillations) have found that neutrinos are of a tiny mass, but due to the large number of neutrinos, they will contribute a significant fraction of the mass. The cold dark matter refers to the part of the matter with a large mass but a small amount, and the current research has not been able to pinpoint exactly what it is. These two mods affect the Landau damping due to the different velocities of the particles during decoupling, and the difference in the Landau damping determines that the images of these two models during galaxy formation are different.

In the hot dark matter model, clumping occurs at large scales, forming superclusters of galaxy matter first, then breaking up to form galaxies one by one. In the cold dark matter model, clumping occurs from small to large scale, forming galaxies first and then merging to form larger and larger structures, one by one. Currently, hot dark matter agrees well with the results obtained from sky observations at large scales, but not at galaxy scales. The cold dark matter model, on the other hand, agrees very well at small scales such as galaxy scales, but not at large scales.

So how do galaxies move again? Galaxies also move between each other due to gravity, forming structures of various scales. The smallest scale: galaxy clusters and clusters of galaxies scale, which galaxies are bound by mutual gravity, and will eventually merge into clusters.

Specifically, in the Milky Way, that is the cheerful merging within this galactic group. The Milky Way and the Large and Small Magellanic Clouds have begun to merge long before, and in fact, the gas of the Large Wheat Cloud is constantly being pulled by the gravitational pull of the Milky Way, forming the Magellanic Stream that falls into the Milky Way.

III. Galactic matter and nebulae

There are always more questions than answers, especially about the universe. I must say that among people with little exposure to astronomy, there is sometimes a misconception that galaxies and nebulae are the same thing. The root of this idea comes from the fact that one of the closest galaxies to us is called the Andromeda Nebula, which is why people think that galaxies and nebulae are interchangeable. This is not always the case. The fact that the Andromeda Galaxy is also called the Andromeda Nebula has its roots in history. Since Andromeda is the only large galaxy that we can see with the naked eye, it was first discovered by us. However, when it was first studied by astronomers, it was classified as a nebula. Why? First, because the concept of "galaxy" did not exist, and second, in the 19th century, the Andromeda Nebula was not different from other nebulae when seen through a telescope. The nebula was a huge cloud of ionized gas and dust. At the same time, there are three types of nebulae.

First, nebulae may be the remnants of supernova explosions. When the "fuel" of a massive star is exhausted, that is, when it cannot sustain its thermonuclear reactions, then the star explodes into a supernova. After the explosion, it either becomes a neutron star or a black hole (of course the star needs to be massive enough). Around the star, there is a lot of gas scattered around the star, which used to form the upper part of the star. In this way, this gas forms a nebula.

Second, there are the so-called planetary nebulae, which are also formed by dying giant stars. However, these stars do not go supernova because they do not have enough mass to fall out of the upper layers of the star when they run out of fuel to sustain thermonuclear reactions, but it is still a very dense and very small white dwarf, and the gas it emits forms planetary nebulae. This type of nebula is so named because the first planetary nebulae discovered in the 19th century were very similar in appearance to planets. Unlike normal nebulae, planetary nebulae are somewhat smaller, and their expansion rates are lower than those of normal nebulae.

In addition, nebulae can also be observed where stars are born. Stars are formed by clouds of interstellar gas and dust collapsing under their own gravity. The third type of nebula, we call the Eagle Nebula. This nebula has one of the most famous fragments, which is called the "pillar of creation". By looking at this image above, the bright blue part of it shows where new stars are born.

What is a galaxy? In a broad sense, a galaxy is an orbiting system of numerous stellar systems (including stellar automata), dust (e.g., nebulae, etc.), which rotate around a common center of mass. A galaxy can contain many nebulae, both the remnants left after the explosion of a star and the regions formed by the star. The most famous galaxy is undoubtedly our own galaxy, namely: The Milky Way. Depending on how galaxies are formed, there are many different types of galaxies. The most common galaxies are spiral galaxies, which are not new to us. In addition, there are also ring-shaped and elliptical galaxies.

Does matter exist between galaxies or not? Intergalactic space is the physical space in a galaxy that corresponds to the interstellar matter between stars and the galaxies. This region is defined as the region where the plasma enclosed near each star is no longer under the influence of the star. About 70% of the interstellar medium in this region of space consists mainly of single hydrogen atoms, while most of the remaining matter is composed of helium atoms. It is rich in trace amounts of heavy atoms formed during stellar nucleosynthesis. These atoms are ejected into the interstellar medium by the stellar winds when evolved stars start to break away from their outer layers during the formation of classical planetary nebulae. The catastrophic explosion of a supernova produces an expanding surge, which consists mainly of ejected material that further enriches (fills) the interstellar medium. The density variation of matter in the interstellar medium is quite large.

Here we are talking about intergalactic space, which needs to be distinguished from interstellar space as described above. Intergalactic space refers to the physical space between galaxies, a region that is very close to a vacuum, but also has matter in it, and thus is not a complete vacuum. Studies of the large-scale distribution of galaxies have shown that part of the universe has a bubble-like structure, with clusters and groups of galaxies arranged along a filamentary structure that occupies about one-tenth of the total space (this is known as the fibrous structure of the universe). The rest of the regions are formed into huge voids, and most of these regions are devoid of galaxies. Around and between the galaxies, there is a thin layer of plasma that has the organization of galactic filaments (this is the large-scale fibrous structure of the Universe), which consists mainly of ionized hydrogen, i.e., a plasma composed of equal amounts of electrons and protons. When the gas falls from the cavity into the intergalactic medium, it is heated to such a temperature that the energy of interatomic collisions is sufficient to allow the electrons bound in the atoms to escape from the hydrogen nuclei; this is how the intergalactic medium is ionized. As the gas falls from the fibrous structure of WHIM to the interface of the cosmic fibrous structure of galaxy clusters, its temperature rises even higher, and is heated even higher.

Intergalactic dust is the cosmic dust between galaxies, which means that there is cosmic dust between galaxies, not a complete vacuum.

IV. Evolution of the Milky Way

Our Earth, including our solar system, is in the Milky Way galaxy, so it can be said that the Milky Way is the mother of the solar system, and research has proved that the Earth was formed roughly 4.6 billion years ago, and the Sun was formed about 5 billion years ago, so when was the Milky Way formed as the mother? How was it formed? The Milky Way was formed at the beginning of the universe. A massive black hole and a nebula carried by it formed the most primitive core of the Milky Way. Stars were gradually formed in the nebula, and the initial prototype of the Milky Way appeared. Under the action of gravity, the surrounding galaxies also begin to merge into the Milky Way, making the Milky Way larger and larger, evolving into what it is today.

Humans have not even figured out the solar system, and now it is found that many planets and satellites in the solar system have water on them, and the planets abound with much larger water reserves than Earth, but do these planets have life, even the most primitive life? It is not known yet. The boss of the solar system is, of course, the Sun, occupying 99.86% of the mass of the entire solar system. The solar system is known to have eight planets, five dwarf planets, more than

180 satellites, and countless asteroids and comets, dust, these add up to only 0.14% of the mass of the solar system, the mass of the Earth accounted for 0.0003% of the solar system. The solar system's gravitational influence has a radius of 1 light year, and it would take more than 17,000 years for a human vehicle to fly out of this range. The nearest star to us is 4.22 light years, and it would take more than 70,000 years for Voyager I , the farthest man-made aircraft has ever flown, to fly anywhere. Our solar system, on the other hand, is just an ordinary star in our galaxy called a yellow dwarf, with a lifespan of about 10 billion years, and is now 5 billion years old. The sun with its children and grandchildren at a speed of about 250 km per second, the revolution around the galaxy, a circle trip takes about 250 million years. Our Sun is an ordinary star in the Milky Way galaxy, located in a branched arm of the Milky Way called the Orion Arm, about 30,000 light years from the center of the galaxy. The Milky Way is a barred spiral galaxy, 200,000 light-years in diameter, with 200-400 billion stars, and our own galaxy group is at the slight edge of this supercluster, revolving around the center of mass of the Virgo cluster, taking about 100 billion years to make one revolution. The Milky Way galaxy is also rotating in it, but in 3-4 billion years it will merge with the Andromeda galaxy to form an elliptical galaxy. The scientific community expects that in the future the entire group of galaxies will merge into one large galaxy. In the universe, dozens of superclusters of galaxies have been discovered, and more than 120 billion galaxies

have been found, and these are only a small part of the visible universe. It is estimated that there are trillions to 10 trillion galaxies in a visible universe 93 billion light years across the universe. It is estimated that there are trillions to 10 trillion galaxies in the visible range of 93 billion light years in diameter across the universe. And these visible parts of the universe only account for 4.9% of the entire mass, 95.1% is invisible dark matter, dark energy, what is the nature of these things? It is not yet known. In addition, there is an invisible part of the universe, how big this part is and what it looks like is not known to mankind now.

Let's draw an analogy, on the Earth there is a vast ocean and a vast desert, the Milky Way in the universe is like a grain of sand in the desert or a drop of water in the ocean. And the solar system, in this drop of water is not even an electron. From hundreds of years ago, Galileo, Newton, to the last century Einstein, there are a number of great scientists from time to time who have led mankind to know the essence of the world. But the reality is, whether we humans discover or not, those laws of nature are there, to put it bluntly, it doesn't bend to the will of mankind. To take a complex and simple example, after we fall asleep in the morning (many people describe this form as an alternative "death"), the world inside is still running, that is, the nature does not care about our existence at all. To put it bluntly, even if humans continue to exist, we still have a hard time to figure out what the meaning of the existence of the universe is, and the answer to this question could easily lead us to a dead end, up to the realm of philosophy or even theology. The meaning of the existence of the universe is more often than not just a concept imposed by humans, perhaps the universe itself doesn't have any meaning, it is there, very complex and very simple, whether humans exist or not, it is always there, until forever!

Chapter 2: The causes of the motion of the solar system

We all know that the solar system is flat, the sun distorts space. Why not say that the upper and lower parts of the solar system are not distorted? How is the comet, which flew over from a far place, distorted? The theory of gravity and the theory of relativity are wrong arguments like what a blind man says when touching an elephant, the theory of gravity saw the apple fall to the ground and said that there was gravity, and then the theory of relativity saw that gravity couldn't make sense, it found a distortion to make up for the loophole, in fact, both are nonsense theory, time and space are two different concepts, the bull's head does not match the horse's mouth.

Recently Yanshan University professor said relativity is also wrong, relativity cannot explain why the sun will be flat, it cannot explain why the sphere will have oblique motion, it cannot explain why Venus is inverted, why Mercury and the moon both have the same motion and they both have craters, why the Earth has only one satellite but Jupiter is very large, why it has so many satellites, why it is so large, so there are many errors.

The sun has gravity, the earth has gravity, the moon is attracted to the earth, the moon revolves around the earth with one side unchangeably facing to the earth, the earth is attracted to the sun, why does it revolves around the sun without one side unchangeably facing to the sun, because the moon is rotating by the fanning of the force of the earth's air, and the earth revolves around the sun, it is the earth's own air pressure to make itself rotate, There are always questions about the tilt of the earth and why it is like that. Why is the Earth tilted? The Earth is always moving toward the sun, the Earth tilts towards the sun, if it does not tilt, the Earth will not be able to keep up with the sun.

The motion of the Earth is an outcome of two forces, namely, the rotation force and the orbital revolution force, is the rotation force driven by the orbital revolution force or the orbital revolution force driven by the rotation force, why is Uranus rotating with a lying down posture, it is very simple, because it is too far from the sun, it lies down and rotates, then it can face the sun, The same reason applies to Pluto's noticeable tilt, this reason applies to all planets with tilt, they tilt towards the sun. Mercury has movement, the moon also has movement, scientists do not say that they have movement, because they can't explain those movements clearly with those theories, so they don't talk about it, just like leaving Pluto out, they suppress it, don't mention it, don't talk about it, don't discuss it.

I. The Origin and Evolution of the Solar System

1、Origin of the Solar System

The solar system is flat as we all know, why the sun is round and the solar system is flat, it is because the planetary motion is driven by the atmospheric pressure, the solar equator shines, which makes the planet equatorial atmosphere more than the atmospheric pressure at the poles,

The planets follow the sun's equatorial movement to form a plane, there is no light from the sun's north and south poles, so there is no planetary motion up and down around the sun's north and south pole.

There are also irregular satellites in the solar system, people do not know it, why do they not know it, because foreign experts do not mention it, mentioning it would contradict a lot of previous theories. Because those theories cannot explain the laws of their movements, namely, why they are oblique movement, cut movement, or lying movement.

We all know that the sun shines, the light speed cannot be surpassed, these are actually like what a blind man says when touching an elephant, the sun expands twice, the speed of light increases, the sun shrinks twice, the speed of light becomes slower, the sun and the earth generally do not shine, they just have volcanic eruptions.

Scientists do not want people to know some celestial bodies and asteroid belt because their theories can't explain them, irregular satellites are even unheard of by some people, we know that there is a deleted fact that the solar system has irregular satellites and there are three Plutos, four Mercury motions are inverted, the moon is very large, Uranus is lying around, Pluto's near and far distance can't be justified with relativist.

What is inertia force, an object moves through in the environment with air pressure, continuously leaving vacuum when it moves, the surrounding gas backfills the vacuum, this produces air flow force, that air flow force is inertia force. That is the cause of inertia force. Scientists often talk about inertia force, today we talk about inertia force, inertia force exists, but there is no inertia force in the universe, physical teacher said in the inertial reference system, inertial force can exist on the Earth, but it doesn't exist in space , teachers and professors do not know the formation and source of inertia force, inertia force is the air flow force, in space there is no atmospheric pressure in the environment, so there is no inertia force.

All things have laws of existence, movement and development. As for the accidental event, that is because we do not recognize its laws and its connection with other things, and therefore we wrongly think that the occurrence of the event is accidental. The causes of the celestial bodies and their movements are not chance events, but the inevitability of the movement and development of material objects, although the causes of the celestial bodies and the periodicity of their movement and development are very distant. As for the cause of the solar system, it is futile to make any contingent assumptions, but we can research it only by exploring and proving from the inner part of the solar system and its connection with the Sun and the planets.

Since the twentieth century, people have become more and more knowledgeable in astronomy and have realized that the possibility of stellar encounters in the vast universe is extremely small, and after the fifties, many new hypotheses have been proposed, most of which are based on the nebular hypothesis. In the late eighties, scientists had a tendency to recognize whether the solar system was a flat surface, and we subdivide this tendency into a reasonable number of evolutionary stages, which, together with an in-depth analysis, gives a clear picture of the causes of the motion of the flat solar system.

The solar system did not start out as a flat surface. The spheres started out with irregular motion and were later worn down into their current planes. Any celestial body has antigravity, and we can see from astronomical observations that the Earth erupts volcanoes, stars erupt matter, and galactic nuclei eject large amounts of matter, even as much as a small galaxy.

There is high temperature inside the Earth, and the high temperature is only in the collapse zone; there is no high temperature where there is no centrifugal force, and the high temperature is caused by the rotation force. Therefore, with the development of modern astronomical science, a series of nebular hypotheses are being increasingly rejected, and we are provided with profound enlightenment and sufficient evidence to re-understand the cause of the planar solar system and its laws of motion.

Truth is relative. There are only truths that are constantly being verified and not absolute truths, as more and more scientific experiments prove. The cause of the plane motion of the solar system has nothing to do with the orbital revolution. Due to the large mass of the sun, its rotation makes the equatorial material collapse, the collapse of the material ejected is the sun's photons, the north and south poles don't have photon ejections, planetary motion is driven by light and heat, light and heat produces the plane, the sun's rotation produced centrifugal force which led to the internal collapse of the sun, the collapsed material causes the sun's internal matter to eject to produce photons. The solar photons move on the equator; this is what gives rise to the planar solar system. Because the north and south poles are rotating in situ, there is no centrifugal force, no difference, no material is ejected, this is why there is no planetary motion at the north and south poles.

There is a reason for the rotation of the Sun; the Sun spends a significant portion of its orbit gradually approaching the galactic center until it reaches the shortest distance between the Sun and the galactic center, and the point of stay at that time is the point near the Milky Way galaxy relative to the Sun and the solar system. Because the Sun is so large and thus subject to the material force of the galactic center, the North Pole of the sun and the north pole of the Earth are not able to receive the force of the galactic center because the Sun's North Pole and the Earth's North Pole are both in front; the South Pole is almost covered by glaciers, so the South Pole is colder than the North Pole. One of the more famous cases caused by the rotation of the Earth is that the sudden commencement of work in Wuhan during the epidemic caused the rotation of the Earth to accelerate, because the rise in temperature in those days after that people began to work in Wuhan changed the distribution of the Earth's gases, causing the temperature of the Earth to rise.

There are probably several reasons for the formation of planar solar system movements.

[1] Solar heat is emitted in the equatorial region of the Sun, while planetary motion is dependent on solar heat, so the solar system is flat, that is, the planets are orbiting in the equatorial hot spot region of the Sun, solar heat is emitted by the collapse of the Sun, there is no collapse at the Sun's north and south poles, so no heat is emitted from both places.

[2] The sun is rotating, the sun's north and south poles do not eject heat, so the sun's upper and lower poles do not emit light or heat, light and heat eruptions are in the equatorial region, the planets are driven by light and heat, light and heat eruptions are generated by the sun's rotation of the equatorial internal collapse, the north and south poles rotate in situ, no

difference, also no collapse, the size of the sun is larger than the circle which the moon orbits the earth, so the internal height difference of the equatorial can be imagined. Light and heat erupted is caused by the centrifugal force of the Sun; planetary motion is driven by solar thermal motion; the satellite motion is driven by gas.

[3] Electricity from photo thermal friction is a particle, the speed of the particles ejected is very large, each particle does not intersect, has no light and heat, so light of particles in the air will go very far, light is not a wave, light particle is formed within the sun, is generated by the rotation of the sun, light particles go out of the sun, the force is given by the collapse of the centrifugal force.

[4] The pressure difference between the side of the sun facing the galactic center and the side with its back to the galactic center is different

Therefore, the magnitude of the Sun's mass is the fundamental cause of the Sun's rotation, and without the Sun's mass there would be no rotation, there would be no more equatorial collapse matter, no photons. Solar heat is produced by solar rotation. Thus the origin of all life has its true beginning.

II. Members of the solar system and their reaction to each other

Mercury

The mystery of the three planets of the solar system, why does Mercury go around the sun like the moon, why does Venus rotate from east to west, while the other planets rotate from west to east, why does the Earth has only one satellite, which is also very large, why is the Earth's rotation different from that of Venus, which rotates inversely, once these mysteries are unraveled, we will find that they are not difficult.

Mercury processes, and the moon also processes. Otherwise the solar and lunar eclipses will cyclically occur, Mercury moves, with a side facing to the sun so as not to face the earth, the orbits of the moon and Mercury are like an airplane flying directly around the earth.

Mercury's precession is the overall displacement of Mercury, that is, the sun is near Mercury, the sun force is big, Mercury was blown as a whole flying forward, Mercury is sometimes far to the sun, because it is blown far away, Mercury is sometimes near to the Sun, because the cold air pressure presses it to get close to the Sun, if there is gravity, will the gravitational force change? So the theory of gravity is wrong, it is said to be the magnitude of the square of the distance between two objects, wrong, the universe is a large ball, how to calculate the gravitational force, there is no distance between two objects, how to calculate it, so that is not correct, Mercury is similar to the moon, because there is no rotation on their own but passive rotation; for most ordinary people, the question of whether there is water on Mercury is the most attractive, simple and straightforward to understand. However, for most veteran astronomy enthusiasts, the Messenger's other mission is more worthy of attention, that is, to explore the mystery of Mercury's life, in layman's terms, is how the planet Mercury was formed, what big events happened in the process of its formation.

To help you better understand the Messenger's mission and new discoveries, I'd like to take you through a brief review of the history of the puzzle of Mercury's origin, and then let's move on to "The World's Unsolved Mysteries" time.

Of the five planets, Venus, Wood, Water, Fire, and Earth, the vast majority of people have probably never seen Mercury in their lifetime. This is because Mercury is the closest planet to the Sun in the inner solar system. Perhaps you haven't understood at once, why is it not easily observed if it is close to the Sun.

The planets of the outer solar system are visible to us at night because they are on the outer side of the Earth's orbit. The two planets of the inner solar system, Venus and Mercury, on the other hand, can never move to the back side of the Earth, they must rise and set with the Sun. So, to see them, you can only see them at dusk and in the evening, using a little time difference. And the closer a planet to the sun, the smaller the time difference between rising and setting with the sun. Mercury is very close to the Sun, so it can only be seen for a very short time in the early morning and evening, so if you don't pay attention, you will miss it.

For a long time in human history, we thought that Mercury, which appears in the morning, and Mercury, which appears in the evening, were two different planets. In Chinese and Western astrology, Mercury was the focus of attention because it was relatively the most "unpredictable".

It is reasonable to say that Mercury in the inner solar system, is very close to the Earth and we should have a deeper understanding of Mercury, yet the opposite is true: the planet with the lowest level of understanding in our solar system is Mercury. Before the Messenger reached Mercury, we didn't know as much about it as we did about Neptune, which is the farthest away.

According to the classical theory of planet formation, planets are formed by the gradual collapse of dust clouds under the influence of gravity, so theoretically, everyone should have a similar density. If the classical theory is correct, then how to explain the apparently high density of Mercury?

The most dominant theory on the generation of celestial magnetic fields, is the planetary dynamo theory. This theory requires the existence of a continuously rotating or convection conducting fluid inside the planet. The Earth's magnetic field comes from a constantly convection, hot outer core. However, based on the size of Mercury, its core should have cooled long ago. And a cooled and solidified planet should be like a big rock, there is no reason to generate a magnetic field.

The only reasonable explanation can only be that Mercury's core has not solidified and is still in a molten state. But this explanation is equally puzzling to scientists. How can such a small volume not cool down for billions of years? In fact, there is a relatively simple way to determine whether there is liquid matter under the crust of a planet: to determine the stability of Mercury's rotation.

Why is this? You can do an experiment yourself at home by spinning up a raw egg and a cooked egg respectively. You will find that the cooked egg will rotate quickly and at an even speed. The raw egg will be more difficult to rotate because of the influence of the egg liquid inside, and the spinning axis will be unstable and the rotation speed is uneven.

So, to determine whether Mercury's core is liquid or not, we just need to be able to measure Mercury's rotation speed precisely. If its rotation speed is absolutely uniform, then it can be assumed that Mercury is a solid ball of rock. On the contrary, there must be some liquid material hidden under its crust. There is no doubt that Mercury is indeed a "raw egg". Mercury must have a molten or partially molten core. How exactly was this liquid core formed? Mercury's core is probably mixed with some light elements similar to sulfur. Mercury's core is rich in sulfur.

Mercury's orbit around the sun also seems to indicate that Mercury was not formed in situ. Mercury's orbit is an ellipse with a high eccentricity. At its farthest point from the Sun, Mercury is 1.5 times further away than perihelion. At the beginning of Mercury's formation, it was hit by other planets, which flattened its orbit.

The idea that there is no water on Mercury is wrong, there is water on Mercury! There is a lot of water ice at both poles of Mercury. Mercury is called "Mercury" in China not because the ancients thought it had water on it, just as "Venus" got its name not because it had gold mines on it. In ancient times, the five elements of yin and yang were prevalent in China, and the five planets observable to the naked eye were named after gold, wood, water, fire and earth. For a long time, people feel that there is absolutely no water on Mercury, for two main reasons: one is "near", and the other is "small". First of all, we know that Mercury is the closest planet to the Sun, the nearest distance is only 46 million kilometers, equivalent to one-third of the Earth's orbital radius. Under the sun's light, the daytime temperature on Mercury is so high that it can reach 430 degrees Celsius, and even if there is water, it will vaporize. Another reason is that Mercury is also the smallest planet, so it is not as attractive to gas molecules as the Earth. Matter can then escape from Mercury. Therefore, the molecules in Mercury's atmosphere, including water vapor, can easily escape into space, so Mercury has almost no atmosphere.

With a number of cratered craters at its poles, Mercury lacks shelter from greenhouse gases and the surface heat of Mercury dissipates rapidly. On nights when there is no light, the minimum temperature is as low as -170 ° C. On the other hand, because of the very small inclination of Mercury's rotation axis, only 0.1 degrees, there are many permanently shadowed areas at Mercury's poles - virtually cold and dark nights all year round. This is in an extremely cold environment of minus 170 ° C all year round. In this environment, both water brought in by comets and water vapor escaping from its own interior instantly condenses into ice. Mercury also has a lot of organic matter. But it is unlikely to be life on Mercury, it probably came from the collision of a meteor or comet.

Mercury has no satellite. It is no coincidence that Venus, one of the eight planets in our solar system, has no satellite, either. Is this just an accident or coincidence? No, it is not. In fact, as members of our solar system with a long history of more than 4.5 billion years, Mercury and Venus cannot have satellites at all. Although they probably had satellites at one time in their history, they were only short-lived, and their satellites must have had unstable orbits and either flew away quickly or crashed on the planets shortly afterwards.

If this satellite is synchronous, then the position of the prominence on the planet does not change (or remains essentially the same) and therefore this prominence does not consume energy or momentum and does not have any effect on the satellite's orbit. If the orbit of this (prograde) satellite is higher than the synchronous orbit, such as the Moon, then it will rotate more slowly than the rotation of the planet, and the prominence on the planet is always directed towards the satellite, so the position of the prominence on the planet is running backwards along the direction of rotation, for example, if the direction of rotation of the planet is defined as west to east, then the position of the prominence is moving east to west on the surface of the planet, and the effect is equivalent to it that the satellite's gravity drags a part of the planet's material backward, which will certainly lead to a friction-like resistance to impede its motion, which on the one hand will slow down the planet's rotation (decrease in rotational angular momentum), i.e., tidal friction; at the same time, the reaction force of this force will act on the satellite to accelerate its rotation (increase in rotational angular momentum) - Through tidal action, the planet transfers angular momentum to the satellite, and the acceleration of the satellite's rotation causes the satellite's orbit to rise and gradually move away from the planet. This tidal friction will accelerate the planet's rotation, while its counter force will decelerate the satellite's rotation, and the satellite's orbit will become lower and lower under the reverse tidal traction. If the satellite is a retrograde satellite, the effect will be equivalent to it that the satellite drags a small piece of material on the planet backward, which will reduce the angular momentum of the planet's rotation and increase the angular momentum of the satellite's rotation; if the planet's angular momentum of rotation is defined as positive, then the angular momentum of the retrograde satellite's rotation is negative, adding a positive number to a negative number will inevitably reduce its absolute value, and thus the satellite's rotation speed will become slower and slower, and the orbit lower and lower. It is because retrograde satellites, regardless of their orbits, gradually approach the planets and, in summary, synchronous orbits are the only permanently stable orbits that satellites have. Prograde satellites above synchronous orbit have a tendency to move away from the planet and thus escape; prograde satellites below synchronous orbit, and all retrograde satellites, have a tendency to lower their orbits and crash on the planet. However, when the orbit of a prograde satellite is not too far from the synchronous orbit, although there is the aforementioned trend, but the effect is very weak and usually negligible, but this effect is often not negligible to satellites that are too far from the synchronous orbit, or retrograde satellites, Also, the aforementioned trend is more pronounced for satellites with orbits below the synchronous orbit than those above it: because the closer to the planet, the greater the tidal force.

Mercury, in our eyes, is no longer a cold spherical rock, it has an atmosphere, volcanoes, a magnetic field, and water ice. More importantly, Mercury, waiting for us to continue to explore its enigmatic life.

Mars

Mars is also a planet with high ground, which means that there is centrifugal force underground, and the cracks on the ground are also caused by centrifugal force, the stone leaks out, it indicates that there is wind; Mars is a rare planet with a more unified symbolic meaning in Chinese and Western cultures. The West named it "Mars", from the ancient Roman mythology of the god of war, symbolizing disorder, and war. In ancient China, it was named "Fluxus", which means "fluorescent fire and confusion", signifying the occurrence of disasters such as brutality, disease and war. In fact, the reason for this is because since ancient times, humans have observed Mars with the naked eye, although it is the reddest color of a star in the sky, its trajectory is a bit irregular - it will slow down in some months, stop, or even to the opposite direction of movement, and then fold back to the original direction to continue to travel. This behavior is inscrutable and therefore associated with disorder.

Despite its name, Mars is actually a cooling planet with cold poles and even ice caps formed by carbon dioxide. Mars lies between the Earth and the asteroid belt. The asteroid belt is the area between Mars and Jupiter where most of the known asteroids are located. The reason the scattered asteroids did not coalesce into a planet is that the formation of Jupiter, which lies on the outer side of the asteroid belt, predates the Earth-like planets - Jupiter is the large gas giant that hooked up with Earth in Wandering Earth. Jupiter's enormous mass interfered with the formation of other objects within its gravitational range, preventing these asteroids from coalescing into a true planet, always at the protoplanetary stage of early evolution. 1. it must be an object orbiting a star; 2. the mass must be large enough to overcome solid gravity to achieve a hydrostatic equilibrium shape; 3. it must clear the region near the orbit, and there must be no objects within the orbital range larger than it. Jupiter's orbit has undergone significant migration throughout its history. Shortly after Jupiter's formation, while still retaining much gas in the inner solar system, the gas giant migrated inward to the vicinity of the asteroid belt, where Jupiter's gravitational drag significantly limited the number of asteroids near the orbit of Mars, starving the developing planet, and the formation of Saturn caused Jupiter to migrate in the opposite direction, depriving the inner asteroids of water long ago, while the outer asteroids still retained water. The back-and-forth migration of Jupiter's orbit explains why Mars could not acquire such a large mass close to Earth. The small size of Mars, in turn, is a key factor in determining its evolutionary history. Mars is not considered large in size or mass among the planets. In fact, newly formed planets are hot inside and gradually cool down by radiating heat through their surfaces. The smaller the star, the less heat there is in its core, and the faster it cools.

The heat of Mars comes from two sources. On the one hand, the natural decay of unstable elements generates heat, which causes an increase in the temperature of the interior of Mars; on the other hand,

174

the energy generated by the collision of small bodies accumulates on the surface. This heat induces intense volcanic activities and a continuous release of volatile compounds, which constitute the primordial Martian atmosphere rich in carbon dioxide. These dense atmospheres existed for about 500 million years and helped to sustain themselves by generating temperatures and pressures suitable for the presence of liquid water through the greenhouse effect (this former hypothesis has been confirmed by the discovery of clay on Mars, since clay cannot be formed without the presence of large amounts of water, in this case clay is formed by the action of running water). However, the good time didn't last long, the deep cooling of the interior of Mars froze the movement of the crust at depth, which led to the disappearance of the internal magnetic field of Mars and global climate change. At this point, Mars is helplessly and rapidly losing the protection of its magnetosphere; and the solar wind - ions and active electrons coming at high speed - is hitting the upper atmosphere of Mars, causing it to be gradually eroded. The house leaks but the rain comes at night, these different mechanisms combined to strip atoms and molecules from the Martian atmosphere and carry them into interstellar space.

The greenhouse effect produced by a dense atmosphere rich in carbon dioxide gas is also reduced with a decrease in atmospheric pressure. The slight temperature decrease caused condensation of small amounts of volatile elements, which in turn reduced the greenhouse effect, which in turn caused a new round of temperature decreases, creating a vicious cycle of cooling. Less than 100 million years ago, pressures and temperatures reached levels close to those of today. Today the Martian atmosphere is composed of 95% carbon dioxide gas. In addition, the temperature difference between day and night on Mars is so great that in some places it can change from 0 degrees Celsius to -100 degrees Celsius in a single day. Before becoming a frozen desert, Mars went through a transitional period in which the surface was frequently bombarded by meteors, violent volcanic activities released large amounts of sulfur. The Martian environment is usually dry, but occasionally interspersed with periods of wetness with acid and sulfur environments that favor sulfate formation.

Mars is able to allow the existence of some lives, but it can't allow the existence of cities.

Because realistic conditions do not allow it. 1. the geology of Mars, it has been extremely weak, almost no plate movement, the underground energy is basically dissipated, the magnetic field is too weak to defend against the solar wind and cosmic radiation, and there are no sufficient sources for the atmospheric elements; 2. Mars was basically similar to the Earth 3.7 billion years ago, except that the oceans and lakes were generally acidic, and basically able to sustain primitive life, but then fell into an irreversible process of moisture dissipation 3. The Martian atmosphere is now being lost rapidly, and there is basically no replenishment and the loss will never end, and the

Martian atmosphere will eventually be lost; 4. the Martian subsurface still contains at least 2% water, and there is liquid salt water flow in the polar regions and on the high mountain slopes in summer, and the closer to the poles the more water there is, and the water ice content of the polar ice caps even reaches one-third that of Greenland, which is sufficient for human survival; 5. More than 95% of the Martian soil is mineral and metal, the polar regions contain perchlorate, which is an oxidizer and can be used as a source of oxygen, and more than 96% of the atmosphere is also carbon dioxide, which can be used as a source of future energy for humans and respiration for plants; thus, Mars as a whole is caught in a process that tends to be more barren, dead, empty and irreversible, and the dissipation of internal energy is completely irredeemable, and humans must basically give up on its overall transformation.

For rare metals and minerals, etc., there is absolutely no need to rely on Earth transport. Mars is already very close to the asteroid belt, where there are hundreds of thousands of asteroids, and hundreds of millions or even an endless number of very small celestial bodies, their composition and structure are completely different, and many of them have extremely scarce resources on Earth. Space exploration on Mars is much simpler than on Earth, fully able to establish regular "mining flights", taking the asteroid of the right size with slow control, changing the orbit close to Mars, when close to Mars, drag it into the Mars and let it crash on the surface into a small deposit, then send cars to dig, this is even less difficult than mining on Earth, and much more cost effective than Earth transport over.

So is Mars a dead Earth? Mars and the Earth were born almost at the same time, like sisters, and Mars seemed to have a chance to become another Earth; but now, while the Earth is vibrant and dynamic, Mars is cold, dry, and desolate, and the sky is colored a light red by sand and dust, making it a nearly dead world. What is happening on Mars? Why does it have a very different fate than Earth? And why do we keep moving toward it? The impact caused violent magma activities, making the terrain of Mars high in the south and low in the north, the southern hemisphere is dominated by highland terrain, the crust is thicker, the planetary embryo collided with the original Mars, the appearance of Mars has been greatly changed. The northern hemisphere is dominated by plain terrain with a thin crust. Since then, a series of large collisions have continued, creating a series of giant impact craters on a large background of high south and low north.

In the northern hemisphere, several giant impact craters are close to each other, and the lava from the collisions first cools at the bottom of the craters, then is gradually filled in with mud and sand and rocks, merging into the great northern plains of incredible size. Mars is the fourth closest planet to the Sun. It is a very rocky and dusty desert world. Its atmosphere is very thin and composed mainly of carbon dioxide. The fiery red color of Mars. Why is Mars red? Do you know what color rusty iron is? It's reddish-brown. Actually, Mars is rich in iron, and almost all of that iron rusts, so Mars becomes the color of iron oxide - reddish-brown.

A year on Mars is almost two years on Earth, and it takes 687 days to make one revolution. But again, Mars is not much different from Earth in some places, it has terrain of the same variety as Earth, with mountains, plains and canyons. The seasons on Mars should change in the same way as on Earth. But because each season on Mars is twice as long as on Earth, and because Mars is farther from the Sun than Earth, each season on Mars is colder than the same season on Earth. The difference in the length of the seasons on Mars is also greater than the difference in the length of the seasons on Earth.

Jupiter

The astronomical community says that Jupiter is a gaseous planet, Jupiter's gas is ample but Jupiter is not really a gaseous planet, it has material inside, but the gas is thicker.

Among the planets, Jupiter is the largest, because Jupiter was born large or later became larger, if it later became larger, then did the sun later become larger? If the sun became bigger later, then what is the sunlight, did the speed of light become 300,000? Earth has gravity, why doesn't the moon make an orbital revolution in the north and south poles but on the equator? Where does the gravity of the north and south poles go, or is there no gravity at the north and south poles? Jupiter is a giant liquid hydrogen body. With increasing depth, at kilometers from the surface, liquid hydrogen is formed in a high-pressure and high-temperature environment. It is hypothesized that the center of Jupiter is a nuclear region containing material such as silicates and iron, with a continuous transition in material composition and density.

We often say that Jupiter is a gaseous planet. The reason for this statement is that the main elements that make up Jupiter are hydrogen and helium, both of which are gaseous substances at atmospheric pressure. The reason why Jupiter would be composed mainly of hydrogen and helium is that hydrogen runs farther away when driven by the solar wind, so the substances that are present in abundance in the outer solar system, that is, beyond the orbit of Jupiter, are hydrogen and helium. Naturally, these giant planets can only be composed of these materials. However, with Jupiter's enormous mass, even light elements, mainly hydrogen and helium, would collapse under gravity. The deeper Jupiter's atmosphere goes, the more dense it becomes, eventually becoming sticky all the time. The prevailing perception is that Jupiter's core is filled with liquid metallic hydrogen. There are also some claims that Jupiter's core is likely a solid core of small amounts of heavy elements. Some scientists also believe that there may be ice in Jupiter's core. But whatever is in Jupiter's core, in terms of state, Jupiter's core should also be at least liquid. And because of the nature of the light elements, Jupiter probably does not have a clear surface, and its atmosphere becomes more and more viscous as the pressure increases, and eventually it becomes liquid and solid.

Jupiter's mass, one thousandth of the Sun's mass, may not sound like much. But in fact, Jupiter's mass is much more than the mass of the other seven planets in our solar system combined, and in terms of volume, Jupiter's iconic landscape phenomenon, the Great Red Spot of Jupiter, as we know it, could contain the entire Earth.

Jupiter is so large that, despite its distance from us, it is very bright in the night sky, being the third brightest object in the night sky, after the Moon and Venus. Its reflection is even strong enough to form a shadow. It is reasonable to say that, according to the consistent formula of fiction, most of the large guys, their action is bound to be slow. Jupiter, however, is a "fat yet agile". Jupiter is the fastest rotating planet in the entire solar system. The large size and fast rotation has the obvious consequence that the fat man becomes very flat. Even with an entry-level telescope, you can see that its equator is larger than the diameter between the poles, the difference is approximately bigger than one Earth.

Many of Jupiter's special properties are related to its large, massive, huge, magnificent, great ...... size, and its nature as a "fast fat man". Jupiter is very big, but it rotates very fast. Jupiter's Great Red Spot is a turbulent storm formed by the ultra-high speed surface winds. This is the hidden characteristic of Jupiter's peaceful name, which is violent and destructive. The high-speed rotating fluid, like an electric current flowing in a coil, gives Jupiter a powerful magnetic field. This magnetic field is far stronger than that of the Earth, and such a strong field gives rise to brilliant auroras at Jupiter's poles.

Why is Jupiter a protective screen to Earth, each planet has its own gravitational potential well. If an asteroid enters a planetary potential well, but does not have enough speed to escape due to a coincidental drop in velocity, it is easily captured by that planet. Objects that fall into Jupiter have difficulty escaping gravitational binding. Although Jupiter, Saturn have a long rotation period, it generally takes from a dozen to several dozen to several hundred years for a celestial body outer solar system to fall into the solar system from a distant location and land close to the Earth's orbit. This includes a long time to pass through the gravitational influence of Jupiter and Saturn. A large number of short-period comets and exoplanets will be affected and captured by Jupiter and Saturn. The incidents that the remaining small number of long-period comets passing through the orbits of the inner planets are very infrequent and not enough to be feared.

Jupiter's gravitational field is not symmetric from north to south. This is unexpected for such a rapidly rotating and turbulent planet. This appears to be caused by the diverse winds and atmospheric flows on the planet. Jupiter's atmosphere contains about 1% of the planetary mass, which is equivalent to three Earths, which is very large. In comparison, Earth's atmosphere is only one millionth of the planet's total mass.

Uranus

The rotation axis of Uranus is roughly parallel to the plane of the solar system, which means that Uranus rotates while lying down. This makes Uranus' seasonal changes completely different from those of the other planets. Near the solstices, one pole of Uranus' surface is permanently pointed toward the Sun, while the other pole is turned away from the Sun and is not illuminated. Only a small region around the equator experiences a rapid day-night cycle, but the Sun's altitude near the equator remains low near the horizon, much the same as seen near the Earth's polar regions. When Uranus orbits to the other side, the poles will be facing in opposite directions toward the Sun. One result of this rotation axis orientation is that the polar regions of Uranus receive more annual average thermal radiation energy from the Sun than they do in their equatorial regions. In the plane of the solar system, the pole north of the ecliptic plane is the north pole, regardless of the direction of rotation of the planet.

The difference between Uranus and Neptune is mainly due to the fact that Uranus and Neptune are similar in appearance, but only slightly different in color, with Uranus being more azure and Neptune more dark blue. This phenomenon is caused by the absorption of certain wavelengths of sunlight by the methane in the atmosphere, which is higher in Uranus than in Neptune. Although both planets are gaseous planets like Jupiter and Saturn, the composition of the stellar structure below the atmosphere is quite different from that of Jupiter and Saturn. Jupiter and Saturn are mainly composed of hydrogen and helium, and the stellar structure of Jupiter and Saturn is mainly composed of liquid hydrogen and metallic hydrogen in the geosyncline, which is equivalent to the mantle layer of the Earth. The size is different: Neptune is larger in mass, Uranus is smaller; their satellites are different: Uranus has 27 satellites, Neptune has only 14 satellites; the inclination of the rotation axis is different: Neptune has an inclination of 29.56°, only slightly larger than the Earth; Uranus is 97.77°, basically lying on its orbit, and they both have rings, but the number and density of the rings are different. Uranus' rings have 13 levels, while Neptune's have only 5 levels; Uranus' rings are denser than Neptune's, and therefore more visible. The surface temperatures of Uranus and Neptune are also slightly different. Uranus is colder, with a surface temperature of -216 ° C, while Neptune's surface temperature is about 214 ° C. These differences between Uranus and Neptune are due to the fact that they are, after all, not the same planet, and have encountered different events during their formation and orbits, as well as during their billions of years of operation. The solar system was born 5 billion years ago. The eight major planets are the second-level celestial bodies in the solar system. They are planets constrained by the sun and can also be said to be the sons of the sun.

184

Kuiper Belt

The complex structure and precise origin of the Kuiper Belt, the edge of the solar system, is still unclear. The edge of the solar system is where the sun's light and its faint rays shine, and the Kuiper Belt contains many dwarf planets, fragments of protoplanetary disks that surround the sun, which failed to combine successfully to form planets and thus formed smaller objects, the largest of which are less than 3,000 km in diameter. Neither Uranus nor Neptune formed in their original locations beyond Saturn, because only a small amount of material exists in these regions, making it unlikely that such large celestial bodies are formed there. These planets would have formed in regions closer to Jupiter, but were thrown out during the early evolution of the solar system, when Jupiter orbited the Sun twice and Saturn orbited the Sun exactly once. The pull of such a resonance in gravity eventually disrupted the orbits of Uranus and Neptune, causing a temporary disruption as their positions swapped and Neptune moved outward into the primordial Kuiper Belt. As Neptune migrates outward, it excites and scatters many outer Neptunian celestial bodies into orbits of higher inclination and greater eccentricity.

In the universe, the solar system is a relatively complete small celestial body, the solar system consists of four major parts: First, the Sun and the solar storm area are the core of the solar system, the Sun and its storm area around the Sun is the core area of the entire solar system, the Sun in the solar system although occupies a very small space, but the Sun releases a huge amount of energy. Second, the Earth-like planetary region, because the four planets are closer to the Sun, the Sun's magnetic field, the energy generated by the Sun's light will divide the planets into different levels of structure of the stars, we call this large planetary region of this celestial region the Earth-like planetary region, we can also call it the heavy mass region and near the Sun region. Third, the Jupiter-like planets region, because the four large planets orbit far from the Sun, the planetary shell layer is frozen by low temperature, forming stars of the icy state, and in their interior, due to the domination of the Sun's magnetic field, under the action of the planetary rotation and orbital revolution force, the nuclear heat phenomenon is generated; because the mass and density of Jupiter is small, the heat nuclear phenomenon can reach the surface of Jupiter, we call these four large planets as Jupiter-like planets, call the regions where the Jupiter-like planets are located as far-solar regions, light regions. Fourth, in the edge region of the solar system, beyond the orbit of Neptune to the edge region of the solar system, due to the low temperature below -273 degrees Celsius, there is an asteroid group belt, all the stars are frozen state, the mass is small, we call this celestial region Kuiper belt. The Kuiper Belt is a hollow, disk-shaped region of the solar system near the ecliptic plane outside the orbit of Neptune, where objects are densely packed.

1. The four Jovian planets of the far-solar region are called Jovian planets because of their similar composition of matter, mass

and density. If these four large planets were born after the Big Bang aggregation, from the composition of matter, mass and density, they should be aggregated into a whole, or several stars in a celestial orbit around the Sun. This did not happen, which means that the birth of the Jovian planets did not occur after the Big Bang.

2. The solar system is mainly composed of Earth-like planets, and Jovian planets, and the great difference between Jovian planets and Earth-like planets indicates that it is impossible to form approximately the same stars in any region of the solar system. The existence of Jovian planets suggests that Jovian planets can only be born in one celestial environment, which is called the Upper Kuiper Belt.

3, the four Jovian planets have regular orbital order, indicating that the Jovian planets are not born in the same astronomical unit, if the eight planets were born at the end of the Big Bang process, then, based on the huge differences between the Earth-like planets and Jovian planets, different celestial regions, the distribution of its material does not exist uniformly, and therefore we infer that: the eight planets cannot be born in the same astronomical time. The births of the Jovian planets happened in different times.

4, Jupiter is mainly composed of gaseous substances, the main gaseous substances are nitrogen, carbon monoxide, methane. Nitrogen becomes a colorless liquid when cooled to -196 $^\circ$ C at standard atmospheric pressure, and a snow-like solid when cooled to -218.8 $^\circ$ C in liquid form. Jupiter is located in a celestial body whose surface temperature is: -168 ° C. This temperature does not allow the aggregation into gaseous thermonuclear bodies. Thus, the celestial position of Jupiter's birth would not be the celestial position of Jupiter's orbit around the Sun today.

5.The regular orbital sequence of the four Jovian planets suggests that the Jovian planets were born in the same celestial position, rather than each being born near the orbits of today's celestial bodies. From the mass, density, and material structure of the Jovian planets, they all have convergence, thus, the Jovian planets can only be born in the same celestial region, not in their respective celestial regions. Since the Jovian planets were born in the same celestial position, what celestial regions were the Jovian planets born in? Nitrogen gas turns into liquid at standard atmospheric pressure and at temperatures as low as -196° C. Whereas there is no atmospheric pressure in celestial bodies, liquid nitrogen cannot turn into a snow-like solid even when the temperature in the edge region of the solar system, i.e., the Kuiper Belt, drops below -218.8° C. The liquid nitrogen is very viscous, and thus the Kuiper belt is the best zone for planetary aggregation. The liquid nitrogen in the Kuiper belt continuously aggregates cosmic dust and icy stars, thus becoming the origin of the large planets in the solar system. Due to the presence of a large amount of material composed of light atoms in the Kuiper belt, as well as icy small celestial material, i.e. icy broken stars. Their aggregation, which gave rise to the later Jovian planets. Nitrogen, the most distributed in the solar system,

188

is abundant in all the large planets. Nitrogen is chemically stable, and nitrogen does not react easily with other substances. The special nature of nitrogen becomes an important condition for the origin and development of large planets. When the temperature drops below -196 ° C, nitrogen becomes an important tool for the aggregation of celestial bodies. When the temperature of the core rises above -196 ° C after the aggregation of the stars, the liquid nitrogen will return to the gaseous state, and the nitrogen entrapped in the core will produce a reverse motion during the rotation of the big planets, and the friction will make the big planets produce thermonuclear phenomena.

6.The regular orbital sequence of the four Jovian planets indicates that they are all in centripetal motion around the Sun. When a planet is born in one celestial position, no second planet will be born, while the convergence of the Jovian planets indicates that all Jovian planets are born in the same celestial region, and only after the current large planet leaves this celestial position, this celestial region may aggregate the next planet, thus, it is inferred that the Jovian planets are in centripetal motion around the Sun.

7. From the change of rotation speed of the Jupiter-like planets, one cycle of Jupiter's rotation is ten hours of Earth time, one cycle of Saturn's rotation is 11 hours of Earth time, and one cycle of Uranus rotation is 15.6 hours of Earth time. The variation of these data shows that the far-sun Jupiter-like planets, with their smaller masses and densities, are less affected by the Sun's magnetic field. The farther

they are from the Sun, and the slower they rotate; the closer the Jupiter-like planets are to the Sun, the more they are governed by the Sun's magnetic field, and the faster they rotate, given essentially the same masses and densities. This is a very regular celestial phenomenon.

8, from the rotation speed of the Earth-like planets, Earth-like planets due to their own mass, density, and distance from the Sun, the Sun's magnetic field, their own motion is in deceleration state. The solar system clearly shows two regions, the far-solar region and the near-solar region, based on the structure of the distribution of stars in the celestial bodies, we can also call the far-solar region the light mass region and the near-solar region the heavy mass region. In the heavy region, due to the large mass and density of the large planets, the rotation speed of the large planets is decelerated by the perturbation of the gravitational and repulsive magnetic fields of the Sun. The rotation velocity of the large planets in the heavy region is decelerated, while the rotation velocity of the large planets in the light region is increased due to their low density. From the analysis of the spatial distribution of heavy and light regions, the space of light regions is larger than that of heavy regions.

9.At the celestial positions closest to the Sun and farthest from the Sun, Mercury and Neptune show anomalous rotational velocities and irregular rotational motions. Their celestial positions, one farthest from the Sun and one closest to the Sun, are not a coincidence, but another manifestation of regularity. Their existence indicates the existence of a transition zone between the edge of the solar system and the light region, and a transition zone between the heavy region and the solar storm region. The existence of the celestial transition zone indicates that the solar system not only has a regional structure, but also that the distribution of the solar gravitational and repulsive magnetic fields is different in these regions.

10.Since all the eight planets in the solar system are in centripetal motion around the Sun, how did the Jupiter-like planets evolve into Earth-like planets? The Kuiper Belt is a belt-like region outside the far solar region, i.e., the outer edge of the light mass belt, then, outside the near solar region, i.e., the heavy mass region, there must be a heavy mass belt to match the heavy mass belt, which is the asteroid cluster belt. In the Kuiper Belt, cosmic dust aggregates into light bodies, and when the light bodies move to the asteroid belt region, Jupiter receives a large number of asteroid collisions composed of heavy matter, thus gaining a large amount of heavy matter, this process makes Jupiter's rotation slow down. Jupiter's moons continue to eccentrically orbit Jupiter under the conditions of weakening inertial gravity and gradually increasing gravity of the sun. Some of them become planets of the Sun. We call these large planets complementary Earth-like planets. As Jupiter continues to receive impacts from heavy belt asteroids, its own mass grows, its rotation slows, and Jupiter begins to collapse and deposit, which leads to the formation of early strata and the origin of life.

11. An artificial satellite is not able to land on Pluto through the Kuiper belt. The ultra-low temperature in the Kuiper belt freezes all material life, including artificial satellites, so artificial satellites cannot work after entering the Kuiper belt. From the above analysis, we can conclude two things: Pluto is a big planet in the solar system growing in the Kuiper Belt, and before Pluto grows into a big planet, we can call it a dwarf planet. The existence of the Kuiper Belt reveals the basic structure of the solar system: the solar system consists of three regions, two edge belts, and two transitions. The three regions are the Sun's central region, the heavy region near the Sun, and the light region far from the Sun; two edge belts, the heavy belt (asteroid cluster belt) and the light belt (Kuiper belt); and two transition belts: an transition belt between the light region and the light belt, and a transition zone between the solar storm region and the heavy region.

The three regions of the solar system, the two edge belts and the two transitional belts are determined by the distribution and motion laws and motion states of stars in celestial bodies.

Meteor

Meteors are the final splendor of space dust as it enters the Earth's atmosphere and burns as a result of frictional heating. Space dust comes from a variety of sources, including debris from objects in the asteroid belt, comets that pass through Earth's orbit, and the wreckage of artificial satellites. Most of the meteors visible to the naked eye are from objects in the asteroid belt, which orbit the Sun between the orbits of Mars and Jupiter. Because the relative positions of the major planets are changing all the time, some of these asteroids are gravitationally dislodged and move inward, which is the most common source of extraterrestrial objects. Some believe that the destruction of the dinosaurs was caused by the collision of a larger asteroid on Earth. This danger doesn't happen often, but it is still possible.

A meteor shower is generally the debris of a comet or asteroid that has collapsed and is evenly distributed in its orbit around the Sun. If its orbit intersects the Earth's orbit, then some of the debris will fall to the Earth when the Earth's orbit reaches the intersection, and a meteor shower will form. Thus meteor showers are always on a fixed date of the year and always come from a specific direction. If the meteor's path is extended backwards, it will intersect at a point called the radiant point. The radiant point is called a meteor shower of a certain constellation, within the range of which it is located.

On a clear sky, sometimes a bright flash of light is seen, fleetingly, as a meteor. There are countless meteoroids and dense clusters in our solar system, which consist of dust, comet debris, ice and dust particles from interstellar space, ranging from a few microns and centimeters to several meters in diameter. They move around the Sun in orbits that are mostly drawn to very flat ellipses, and are subject to ingress as they approach large planets during their motion, thus changing their orbits.

When a meteoroid breaks into the Earth's atmosphere, it rubs against it and generates a lot of heat, which causes it to vaporize, and in the process glows to form a meteor. Dust particles are called meteoroids. A tiny meteoroid is enough to produce a bright light that can be seen from hundreds of kilometers away because of its high velocity. The source of the light is the collision with a large number of air molecules, which causes the outer particles of the particle to be knocked away from the parent body. During the collision process, some air molecules are ionized. The luminescence occurs when the dissociated electrons are again captured by the atoms. The color of a meteor is a reflection of the chemical composition of the meteoroid: sodium atoms emit orange light, iron is yellow, magnesium is blue-green, calcium is purple, and silicon is red. A meteor does not usually make an audible sound. If you don't see it, it passes by in a silent sweep. For very bright meteors, sounds have been heard before. These sounds are concentrated in the low frequency band. A very bright meteor, such as a fire meteor, may be heard. If the diameter of the meteoroid is larger than the mean free range of the atmospheric molecules, a large number of shock waves are generated in front of the meteoroid. Occasionally, these waves penetrate deep into the atmosphere and are heard. What sounds like a distant rumble is the sound of a meteor? Meteors sometimes leave a long-lasting trail in the orbit through which they pass. The main color of the trail is mostly green and is neutral oxygen atoms. A rapid decrease in the brightness of the trail can be seen. These bright lights come from the hot air and the metal atoms in the meteoroid. Sometimes a very bright meteor can be seen with a "rustling" sound across the sky, this is a fire meteor. It is very bright like a huge, shining fire dragon. It appears because its meteoroid has a large mass and enters the Earth's atmosphere, there is not enough time for it to burn out at high altitude, thus it continues to break into the dense lower atmosphere, and rubs the earth's atmosphere violently when it moves at a high speed, producing a dazzling light.

Strictly speaking, the reason why a meteor shines is not because it burns. Rather, it is because the meteors enter the atmosphere, the air is compressed due to high-speed motion and the heat generated by the friction of the air against it, so that the air and the meteor's matter become plasma. The microscopic explanation is that the molecules of which the matter is composed, dissociate at high temperatures, and the color of the meteor is the color of the plasma at different energy levels. In fact, the production of the light of meteors is more complex, it is also a combination of many factors, and not only compressed air and air friction.

Meteors are small fragments that pass through space, and meteors of meteor showers are generally "leftovers" of comets. These small fragments of centimeters enter into the Earth's atmosphere, and rubs against the atmosphere, compress the air in front, they heat up and glow, why is the meteoroid seen at the night a flash, meteors are luminous phenomenon produced when interplanetary space dust particles and solid blocks enter into the atmosphere and rubs the atmosphere. Then because the vast majority of objects entering the atmosphere are relatively small in volume and mass, and the relative speed of movement to the Earth are particularly high, so after violent friction with the atmosphere it will burn out very quickly, so you see that the meteoroid is a flash, because if it is not a flash, then it is a very dangerous thing when we see it.

1.Some of the stars in the night sky are bright and some are dark, the most core reason: distance, for example, at night on the way home, you should experience the lights near and far are very different in brightness, the lights overhead is certainly the brightest, but that does not mean that the distant is really dark, when we look at the stars overhead, it is the same logic: so the moon is the closest to the Earth, this small dot instead looks very large and very bright.

2. Ground weather causes; living creatures cannot live on Earth without the shelter of the atmosphere, especially the troposphere, which is the most relevant to us, where all kinds of weather like wind, rain, thunder and lightning are formed. Water vapor is the source of human life, they come from the ground and the evaporation of the ocean, gathered into clouds, then they can become rain to fall again into the inland of earth to form rivers, lakes and groundwater. Water has a refractive effect, and water vapor high in the sky also has this

effect. The thinner clouds high in the sky have a blockage in addition to refraction, and when the starlight passes through them it will appear brighter or darker. Therefore, the stars we see with the naked eye are twinkling and shining to a large extent just because of the weather, and the stars themselves are irrelevant. Cloudless night skies are the best time to observe the stars, and it is understandable that on rainy days it becomes incredibly difficult to observe the stars.

3. light pollution, the Internet often mentions air pollution, water pollution, soil pollution, in our naked eyes to see the stars, there is a pollution called light pollution, as the name implies: we do not want the light. For example, in broad daylight due to "light pollution" from the sun, you can hardly see any stars; in many cities where the night sky is lit up by lights, it is difficult for people living in the city to see the beautiful starry sky; when taking pictures during astronomical observation, if some people suddenly shines flashlights in the direction of your observation, you will find that those people are also very annoying.

There are also stars in the universe that will come to the end of their lives and they will use up their last energy to explode violently, releasing energy that could easily destroy the entire solar system. Thus we can see a star in the sky that suddenly glows with an erratic brightness, but lasts a few weeks and then disappears completely. When some comets arrive near the Sun, they are thrown off by the Sun's influence, and when these or other asteroids accidentally enter the Earth's dense atmosphere, atmospheric friction heats them up and burns them up like crazy, which turns them into meteors, which can also be very bright. But they are generally fleeting, which is where the name comes from.

Meteor showers are formed by the debris scattered in the orbit of comets, and are very regular; meteoroids had a greater impact on the Earth in the early days of its formation than they do now, or meteoroids and comet impacts were an important process that accompanied the formation of the Earth. One of the definitions of "big planets" is "emptying their orbits", and the process of "emptying" is snowballing- like continuous collisions. This is of great significance for our planet.

Solar eclipse

Solar eclipse literally means eclipse of the sun, that is, "eating" the sun. So what is "eating" the sun? The moon! In our ancient folklore, it is said to be "the sky dog that eats the sun", because people do not know what it is, so they think it is "the sky dog". With the development of technology, we now know that the moon "eats" the sun. The lunar and solar eclipses are proof of the irregularity of the orbit of the Earth and the Moon, if the orbit is regular, it will appear at the same time and in the same place, and not this year in this place and next year in another place.

When a solar eclipse is staged, you need to use a professional solar filter to view it. If it is partially covered by the moon, then it is called a partial solar eclipse, and if it is completely covered by the moon, then it is called a total solar eclipse. There is also a spectacular eclipse, the annular solar eclipse, which looks like a superb natural ring hanging in the sky.

When an observer on Earth is located in the shadow cast by the Moon onto the earth, the Moon completely or partially obscures the Sun and a solar eclipse occurs in this area. An eclipse occurs only when the Moon is close to the ecliptic plane and the Sun, Moon and Earth are almost in a straight line (That happens on the first day and the fifteenth day of a lunar month), a situation in which a solar eclipse occurs. In a partial or annular eclipse, the Moon can only partially obscure the Sun. If the Moon's orbit is circular and slightly closer to the Earth in distance, plus lies in the same orbital plane, then we would see a total solar eclipse from the Earth whenever a new moon occurs. However, because the Moon's orbit is inclined at an angle to the Earth's orbit around the Sun, the Moon's shadow will usually miss the Earth. Solar and lunar eclipses occur only when they are in season of Solar eclipse and will occur at least twice a year, with a maximum of five eclipses; of which total solar eclipses usually occur not more than twice.

There are four types of solar eclipses: the first one is a total solar eclipse, a situation in which the dark outline of the moon completely obscures the intense and bright sunlight, in which case we can see the very faint solar corona. In all total solar eclipses, the total eclipse belt is very narrow, so that it is only visible in a small part of the area of the earth.

The second type is an annular solar eclipse, which occurs when the orbits of the Sun, Moon, and Earth orbit in a nearly straight line, although this type of event requires the apparent diameter of the Moon to be smaller than the apparent diameter of the Sun. Therefore, the Sun appears to be a very bright large ring, or large natural finger ring, with the dark side of the Moon surrounded by sunlight.

The third type is a hybrid eclipse (also known as an annular/total solar eclipse), and this type of eclipse moves briefly between a total and an annular solar eclipse. This means that at some points on the Earth's surface it looks like a total solar eclipse, while at other nearby points it looks like an annular solar eclipse. Such hybrid eclipses are extremely rare.

The fourth type is the partial solar eclipse, when the Sun, Moon, and Earth orbit to deviate from the straight line more than once, the Moon will only partially block the Sun. This phenomenon is common, as it can be seen in total, annular, and mixed eclipses. However, some eclipses can only occur as partial solar eclipses because the umbra only passes through the polar region of the Earth and does not intersect with the Earth's surface.

As far as the brightness of the sun is concerned, a partial solar eclipse does not actually undergo a very noticeable change in brightness because it requires more than 90% obscuration for us to notice the dimming of the sun's brightness. Even at 99%, it will not be dimmer than a twilight. Of course, if the observer looks at the sun through a professional solar filter (always use a filter at all times when viewing an eclipse for safety reasons), the process of darkening the sun can be observed.

Annular Solar eclipse

An annular solar eclipse is a type of solar eclipse. It occurs when the center of the Sun is dark and the edges remain bright, forming a halo. This is because the Moon is between the Sun and the Earth, but far enough away from the Earth that it cannot completely block the Sun. During an annular solar eclipse, the projections of objects sometimes intersect and overlap.

The nature of an annular solar eclipse is actually due to the fact that the Moon is far away from the Earth and the Moon's umbra cannot reach the ground while its prolongation line passes through the ground, and people located in the pseudo-shadow area of the prolongation line of the Moon's umbra can see the annular solar eclipse. If the Moon is closer to the Earth and the Moon's umbra can reach the ground, people in the Moon's umbra see a total solar eclipse. The annular solar eclipse is also related to the Earth and the Moon itself. Because both the earth and the moon are opaque spheres, the sun's rays are sometimes blocked by the moon. An annular solar eclipse is possible on the first and second day of a lunar month. On the above days, an annular solar eclipse occurs when the Earth, the Moon, and the Sun are in the same straight line. The light from the sun is blocked by the moon, and in the shadow area of the moon, people cannot receive sunlight, so they cannot see the sun. Because the distance from the Moon to the Earth is different from the distance from the Moon to the Sun, and the distance from the Moon to the Sun is much larger than the distance from the Moon to the Earth, the Moon blocks the Sun, revealing only a part of the surrounding area of the Sun, so an annular solar eclipse is formed.

Why do solar eclipses occur? Solar eclipses are a rare astronomical phenomenon that can occur on average once or twice a year from a worldwide perspective, but may only occur once in a region for more than 300 years. The moon moves to the middle of the sun and the earth, and if the three are exactly in a straight line, the moon blocks the light from the sun to the earth, and the dark shadow behind the moon falls exactly on the earth, then an eclipse phenomenon occurs. The sun is completely blocked and the partial blockage is called a partial eclipse. A total solar eclipse happens when the Moon covers the entire Sun, an annular solar eclipse happens when the Sun begins to form a ring; the position of the Moon's shadow in relation to the Sun's circular surface at the time of the first internal tangency during the eclipse, also refers to the moment when this position relationship occurs. The direction of the sky is opposite to the east-west direction of the map. During a solar eclipse, the Sun, Moon, and Earth are in the same line. Since the Moon rotates around the Earth from west to east, eclipses always start at the western edge of the solar wheel and progress toward the eastern edge. So solar eclipses all start from the west edge.

Lunar Eclipse

A lunar eclipse is a phenomenon in nature. When the Sun, the Earth and the Moon are exactly or almost in the same line, the Earth is between the Sun and the Moon, and the light from the Sun to the Moon is partially or completely covered by the Earth, resulting in a lunar eclipse. Therefore, lunar eclipses must occur on the fifteenth day of a lunar month. It is important to note that since the orbits of the Sun and the Moon are not in the same plane, but at certain intersection angles, only when the Sun and the Moon are located near the two intersections of the ecliptic and the orbit of the Moon, there is a chance to form a straight line and produce a lunar eclipse.

1.Total lunar eclipse: When the Moon, the Earth and the Sun are in a straight line, the Earth is in the middle of the three, and the whole Moon is in the shadow of the Earth. The total lunar eclipse is formed when the surface of the moon turns dark red. During a total lunar eclipse, the moon turns into a mysterious and beautiful "red moon".

2.Penumbral lunar eclipse: During the moon's orbit around the earth, the moon does not enter the umbra but only the penumbra, which is called a penumbral lunar eclipse. During a penumbral lunar eclipse, the Moon will be slightly darker, but its edge will not be blocked by the Earth's shadow. A penumbral lunar eclipse is an astronomical phenomenon in which the Moon enters the Earth's penumbra, when the Earth blocks part of the Sun's light from reaching the Moon, making the Moon appear dimmer than usual, but still bright, only slightly dimmer. During penumbral lunar eclipse, the moon surface has a process from bright to dark, and from dark to bright again, because the moon is slightly darker than usual, so it is not very obvious when seen with naked eyes.

3. Partial lunar eclipse: Partial lunar eclipse occurs when the moon only partially enters the Earth's umbra; the process of partial lunar eclipse is divided into three stages: first contact, greatest magnitude of eclipse, and last contact. First contact: The Moon has just touched the Earth's umbra, marking the beginning of the partial lunar eclipse. The Moon starts to enter the "shadow" state. Greatest Magnitude of Eclipse: The center of the Moon is closest to the center of the Earth's umbra. The Moon is basically surrounded by the "shadow". Last Contact: The western edge of the Moon is tangent to the eastern edge of the Earth's umbra, and this marks the end of the partial lunar eclipse. At this point, the Moon regains its luminosity. The degree of eclipse of the Moon is called the "eclipsed" degree, which is equal to the ratio of the farthest distance between the edge of the full moon into the earth's umbra and the apparent meridian of the moon during the time of the greatest magnitude of eclipse. The reason

for the formation of lunar eclipse is that the Earth blocks the sunlight from reaching the Moon at a certain time due to the linear propagation of light.

Although the Earth will block the sun during the lunar eclipse, but because of the atmosphere, the sun's light will be refracted through the atmosphere, part of the sun's light will continue to be projected onto the moon, but the dense atmosphere will intercept and scatter blue-violet light with a shorter wavelength, only the red light goes through the atmosphere, so that the moon can only receive the red light, so we can only see a red moon. Besides lunar eclipses, half of the Moon's surface is always illuminated by sunlight at the same time, and half of the Moon's surface is dark. Then the illuminated half of the moon is always facing you at a different angle. This is why, except for the new sun and the full moon, the edges of all moon phases must be semi-ellipses, not arcs. This is essentially a projection of a great arc that passes through the center of the moon on the celestial sphere.

Lunar annular eclipses do not exist. Because the lunar eclipse is produced by the Moon entering the Earth's umbra or penumbra. The width of the Earth's penumbral cone at the lunar orbit is much wider than the diameter of the Moon, so if you don't believe me, you can look up the parameters for an approximate calculation. Lunar eclipses are divided into: total lunar eclipse, partial lunar eclipse, and penumbral lunar eclipse. Total lunar eclipse, as the name suggests, is during the greatest magnitude of eclipse, the entire lunar surface enters the cone of the umbra of the earth, i.e., the Magnitude of eclipse is greater than or equal to one. Partial lunar eclipse is when a part of the lunar surface enters the eclipse cone, i.e. the magnitude of eclipse is less than one. A penumbral lunar eclipse is one in which the Moon does not pass through the cone of the umbra, but is blocked by the penumbra, resulting in a decrease in luminosity, but in daily observation, penumbral lunar eclipses are often not considered as "eclipses" because their observational value is very small. The term "simultaneous" is simply a layman's term, because the partial occlusion before the second contact and the partial occlusion after the third contact cannot be considered as partial lunar eclipse.

Around the 15th day of the lunar month, the Sun, Earth and Moon are roughly located in the same line so that we can observe the lunar phase of the full Moon. (To add the relative position of the Sun-Earth-Moon relationship: the first day of a lunar month is when the Moon is between the Sun and the Earth, the 15th of a lunar month is when the Earth is between the Moon and the Sun, and the upper and lower sine is when the three are in a right triangle) However, the Earth's orbital plane around the Sun (the ecliptic) and the Moon's orbital plane around the Earth (white orbit) are not in one plane, but there is an angle. Although this is a small angle, for distant bodies, this little angle is enough to keep the shadow of the Earth from falling on the surface of the Moon, so that the side of the Moon facing the Earth is fully illuminated by sunlight. It is worth noting that the size of the angle between the ecliptic and the moon's orbit varies regularly. The intersection of the ecliptic and the moon's orbit is not fixed on the ecliptic either. On the 15th day of a lunar month, the Earth is located in the middle of the Sun and the Moon, and the three are located on the same level (i.e., at the intersection of the ecliptic and the moon's orbit), and the shadow of the Earth falls on the Moon, and a total lunar eclipse occurs. The position is a little bit farther away, then it is a partial eclipse, which is why there isn't a lunar eclipse every month.

Planetary alignment

The term "nine stars" refers to the nine planets in our solar system, excluding, of course, the Sun, which is a star. The so-called "pearls in a row" is an astronomical phenomenon in which the nine planets of the solar system are positioned in a sector of space with a small angle within a certain time period. However, the reason why "nine stars in a row" is rare is that the nine planets in the solar system have different orbits around the Sun and their orbital speeds are not the same. In normal times, these planets are scattered in the cosmic space around the solar system, therefore, the specific spatial form of the "Nine Stars in a Row" is rare. Firstly, the positions of these planets are taken as their projections on the ecliptic; secondly, the projected positions of these planets are gathered on the line between the Earth and the Sun, which is considered as a planetary alignment; furthermore, the angle between the line between the planets and the

Earth and the line between the Sun and the Earth is considered as a quantitative indicator of this astronomical event, which is an acute angle; finally, the angles of the planets at the same time are required. The time of the planetary alignment is when the planet with the largest angle orbits until the angle becomes minimum. The planetary alignment is an extremely rare astronomical phenomenon, which a normal person will not see several times in his life.

Will the "Nine Stars in a Row" event have any impact on the Earth and cause a series of disasters? After all, in people's minds, they always think that if there is an unusual event in the sky, something special will happen, not to mention that it is an astronomical spectacle that only happens once every 6,000 years. Although, the theory of "nine stars in a row" said: At the end of the world, the sun, earth, planets may appear in a straight line, the line of the sun in the sky will pass through the center of the galaxy, so that the earth is in traction by a more powerful unknown cosmic forces, thus accelerating the destruction of the earth. In fact, this claim is unfounded. Nobody needs to have any worry about this matter, just treat it as a normal astronomical phenomenon. Moreover, the "nine stars in a row" will not only have no effect on the Earth, but neither on other planets. Of course, the gravitational force of the planets will have an effect on the other planets, so that no matter how the position of the planets changes, they will not produce abnormal changes for their cosmic positions.

Sun

To say that the sun is hydrogen and helium is a bit far-fetched, the sun explosion is not a nuclear explosion but the spattered slurry from internal collapse, because the sun is relatively large, the collapse is drop of tens of thousands to hundreds of thousands in magnitude; whether the sun is initially rectangular can't be verified, the sun is later superimposed or born so large, the water on the earth came out long after the birth of the earth, because ditches appeared on the plane of the earth, the earth is layered, layers on the earth represent the annual cycle of the earth. The upper and lower parts of the solar system are thin, and the disk is far away because there is no light from the upper and lower parts of the sun, and the equator shines far away.

A shock wave from a nearby supernova triggers the formation of the Sun by compressing the material in the molecular cloud and causing certain regions to collapse under their own gravity. When one of the molecular clouds collapses, it also begins to rotate due to conservation of angular momentum and heats up with high pressure. Most of the mass is concentrated in the center while the rest is spreading into a disk that evolves into planets and other solar system objects. The gravitational forces and pressures within the core of the molecular cloud are generating a lot of heat and accumulating more material from the surrounding discs, eventually triggering nuclear fusion.

Stellar evolution is a process by which a star changes over time. Its lifetime can range from a few million years on the smallest scale to trillions of years on the largest scale, depending on the mass of the star. This is actually much longer than the lifetime of the universe. The table shows the effect of a star's mass on its lifespan. All stars are formed from collapsing clouds of gas and dust, which are often called nebulae or molecular clouds. Over the course of millions of years, these proto stars stabilize into a state of equilibrium and become what are called main sequence stars.

Several of the major planets of the solar system are split off from the Sun, and the Earth thus rotated counterclockwise with the Sun. At first there was no life on Earth, the whole continent was integrated, until a huge dry ice star drifting outside the solar system was pulled in by gravity and was collided with Jupiter, where two pieces struck Mars and Earth, the huge collision and the explosion of broken pieces led to rapid changes of the two atmospheres, where the atmosphere of Mars was extremely cooled down, while the Earth's atmosphere were in extremely high temperature, a variety of air molecules evaporate into the atmosphere, looking down on the Earth from space, the Earth was like the current Jupiter, violent atmospheric activities, non-stop outbreaks of lightning and flashes in the troposphere. Huge electric currents were linked into a lightning network, powerful electromagnetic explosion lasted for hundreds of millions of years, this environment completely strengthened the Earth's magnetic field, so that a super powerful magnetic field was formed at the outside of the earth, resisting the impact of solar storms, but also a macroscopic protection for the Earth's life breeding. In contrast, although Mars also experienced atmospheric changes, the cooling of Mars resulted in the formation of a planet with a hard surface ice body instead of a strong magnetic field. The true name of Mars should be Ice Planet.

Venus

Why a dense atmosphere is formed on Venus: early in the surface of Venus there might be oceans, but because one or several events led to the surface temperature of Venus rising, the water began to be evaporated, the water was once evaporated into the atmosphere, it would form a barrier, and constantly absorbing heat, turning the entire Venus like a braised shrimp, with high heat and no insulation layer, made the carbon in the rock surface begin to be stripped out.

Under the action of ultraviolet light, water was decomposed into hydrogen and oxygen, hydrogen would escape Venus while oxygen would not, therefore, oxygen with carbon would turn into the famous CO_2 , and since there was nothing in Venus' atmosphere to absorb the CO_2 produced, they would stay in the atmosphere, which in turn would lead to a more serious greenhouse effect, raising the temperature further. Because the temperature increased further, this led to more carbon being released and more CO_2 being formed, which is why there is a large, dense, dense amount of CO_2 in Venus' atmosphere. The air pressure of Venus, which is swayed by the sun, is turning Venus over. If the atmosphere of Venus is chaotic, it means that the two forces have intersected. Without the force of the sun, Venus would rotate like the earth and also have satellites. Now Venus has no rotation force, so it has no force to blow the satellites.

What would happen if Venus were an Earth-like habitable planet: Venus is 38 million kilometers away from Earth at its closest point. This is the closest planet to Earth. Venus is 261 million kilometers away from the earth when it is farthest from the earth. However, let's assume that Venus becomes Earth at some point and is close enough to the "habitable zone" of the solar system. Since Venus is the second blue marble of the solar system, the following scenario is most likely to happen: political and economic parties will be crazy to fund future missions to Venus by space organizations. Venus is a potential habitat for human colonization, possibly reducing overpopulation. How to confirm the possibility of life on planets other than Earth, where complex organisms are most likely to exist in the oceans. Mars would receive less attention because Venus is now a more viable option for human settlement. The natural phenomena present on Venus will be carefully studied and compared with those on Earth. If they are nearly identical in chemical composition. There could then be organisms on Venus similar to those on Earth. Venus will eventually have the same properties as Earth.

In reality, this will never happen. Venus would have to get rid of the thick greenhouse gases and would need to move away from the Sun. The key problem is that if a planet gets too close, their orbit becomes unstable. It could collapse galaxies or tear the planets apart because of tidal forces. Venus rotates slowly, is too hot, has no liquid water, and has different chemistry than our Earth. Even though it shares an orbit with Earth, it remains to be Venus. That's what it's made of.

When the Moon was formed, it was formed much further from the Earth and has been slowly moving away from it ever since. Over a long period of time, it caused tides hundreds or thousands of feet high, producing many mixed effects that likely stimulated or accelerated evolutionary development. If Venus did not have a large lunar life, it would probably have remained just in the state of primitive bacteria. Or, those huge tides inhibited life on Earth, in which case complex lives could have been formed much earlier, in which case Venusians could have come to Earth first when life on earth was still primitive. It's hard to say, but the point is that the evolution of complex lives on these two planets may have proceeded at very different rates. Another question is how did lives on Venus and Earth interact with each other? All lives on Earth, bacteria, archaea, fungi, plants, protozoa, animals, are very similar chemically. They use the same kind of genetic material DNA, they use the same genetic code, they use the same 20 amino acids in the proteins used by lives on Earth. Assuming that life started on Venus, no one can guarantee that these would be replicated.

Perhaps other chemical structures could be used as genetic material, using something other than proteins. Even if they use proteins, there are many amino acids that could be used in place of the 20 amino acids we use. Chemically the two independently formed biomes could be very different, so you can't eat Venus' life-giving materials because you don't have the enzymes to digest any of its substances - even if they aren't toxic.

If complex organisms evolved, what would these organisms look like? It's impossible, but look at life on Earth, there are three types of large multicellular organisms; plants, fungi and animals. Only animals move around a lot, and many don't (sponges, anemones, corals). The complex biota on Venus may not have evolved into animal-like forms, but may look more like plants. Lives are formed at one point in the solar system and then migrate around other planets in fragments, taking root where conditions permit. This would still be very primitive life - even more primitive than our bacteria, and probably using RNA or other simpler nucleic acids rather than DNA. so the differences between life on Earth and other planets would still be extreme.

The strangest fact about Venus is that Venus, as a planet with a similar mass to Earth, a similar orbit to Earth, a similar composition to Earth, and a similar internal structure to Earth, is not the same as Earth in any way that can be called strange:

1. Venus is the only one of the eight planets that has no magnetic

field.

2. The period of rotation of Venus is longer than the period of orbital revolution, and the direction is reversed.

3, Venus surface temperature of more than 400 degrees, atmospheric pressure is 90 times the Earth.

No one yet knows why, and in fact, there is no conclusive answer as to why even the Earth has a magnetic field. The Sun's tidal locking effect was previously thought to be the cause, but now it is felt that at least one more fairly large asteroid would have to hit Venus in order to be sufficient to slow down Venus' rotation. Then, as a planet within the Earth, the matter of being hit by a large star is very frightening, because the Earth is obviously more vulnerable to collision.

Incredible astronomical views.

- Venus rotates at its own unhurried speed, and a full rotation cycle takes two hundred and forty-three Earth days, while a cycle around the Sun takes two hundred and twenty-five Earth days, which means that a day on Venus is longer than a year.

- There are thousands of black holes in our galaxy, millions of which are individually paired with a star, but nearly 10,000 are completely isolated. Black holes are impossible to detect because light cannot travel through them, so astronomers can only track them down with the help of x-rays or through the gravitational pull of the black hole.

- You can see the eclipse because even though the Moon is four hundred times smaller than the Sun, it is four hundred times closer to the Earth than the Sun is to the Earth, so it can completely obscure the Sun, but in fifty million years, because of changes in the orbits of satellites, the Moon may not be able to completely obscure the Sun.

- The highest mountain in the solar system is Mount Olympus on Mars, which is three times the height of Mount Everest, the highest mountain on Earth. If you were standing on the summit of Mount Olympus, you probably wouldn't know you were standing on a mountain because its slope is hidden under the curves of the uneven surface of Mars.

- Outer space is not a complete vacuum, it contains not only stars and planets, but also interstellar dust, space plasma and cosmic ray clouds.

- If two objects of the same metal come into contact in space, they will be sucked into each other and completely connected, which doesn't happen on Earth because water and air will separate the two objects.

- Astronauts on the International Space Station do not use their feet to walk, they are basically floating around in action, so in space, the skin on their feet will become very soft and begin to shed, which is why they have to be very careful when taking off their socks, otherwise the skin cells will fall off and float in an almost zero-gravity environment.

- Earthquakes on the moon or more precisely moonquakes are not just a science fiction scenario. Although unlike earthquakes that often occur on earth, when a moonquake occurs, its epicenter will be closer to the center of the satellite and the moonquake is caused by the gravitational pull of the earth and the sun.

- In the darkest regions of the universe it is very cold, only about -270 ℃ , but if you are in the sun shining on the Earth's orbit, then you will understand what burning 121 ℃ is like, which is one of the reasons why astronauts' space suits are white, because this color can best reflect the heat from the sun.

- Lunar rocks erode very slowly, only a millimeter every million years, which is why the footprints left by the Apollo astronauts on the Moon can be on the Moon for 10 to 100 million years.

- Space should not be black, after all, it is full of stars, stars should not light up everything around? But you can't just look and see stars, because some of them haven't been around long enough for the light they emit to reach Earth. Saturn's other moon, Titan VIII, has a unique binary star, a moon with a surprising difference between its two hemispheres, with one half bright and the other dark.

- All the planets in the solar system could be tucked between the Earth and the Moon and still a lot of room would be left.

- Saturn is not the only planet with a halo, the gas giant Uranus, Neptune and Jupiter all have their own halos, only their halos are so thin that they are almost invisible

- Jupiter is best known for the Great Red Spot, a giant rotating storm that used to be so huge it could hold two or even three Earths, but the Great Red Spot is shrinking today and now it can only hold one Earth.

- The oceans on Jupiter are larger than those on any other planet in the solar system, but unlike the oceans on Earth, they are not made of water, but of metallic hydrogen, and their depth is a staggering 40,234 kilometers deep, which is almost the same distance around the Earth.

- Venus is notorious for its strong winds, which are fifty times faster than the planet's rotation at the cloud tops, a fierce wind that not only never stops, but grows stronger as time evolves.

- The Mariner's Valley on Mars is the largest canyon in the solar system, more than ten times larger than the Grand Canyon on Earth

- Cryovolcanoes on Pluto, sometimes called ice volcanoes, emit ice or, more precisely, a melting mixture of water ice and frozen ammonia nitrogen and methane.

Moon

We all know that the moon revolves around the earth. If the

earth's revolution and rotation are gone, will the earth still revolve around the sun? Will the moon still revolve around the earth? The earth's revolution is gone, and the moon will not revolve around the earth. The crater of the moon was not caused by a meteorite collision, but was pumped up by the side of the moon, which was pumped up from the earth, to the opposite side of the moon. If time could flow backwards, we have witnessed playing mud buckles for hours in our villages, using mud to make a mud nest. After buckling down, a hole appears on the top. This hole is a crater, so this shows that the meteorite theory is wrong. The crater is agitated by the gas of the host star. Yes, Pluto and its moon Cajun is an example.

The moon is indeed modified and hollow, and there are aliens stationed on it. But the aliens are just a class of landlord's retainer lapdogs, existing to ensure that Earth's human race does not perish unnaturally. The human soul is indeed important, but the aliens are not yet capable of using soul power, which is not an area they can cover. The solar system and Earth are also transformed; you can refer to the movie "Truman's World". But the purpose of transformation is to fully expose people's nature so that qualified, willing, and capable people can be picked out so that they can lead the various nations of the universe to have a more brilliant future.

What would happen if there were no Moon: The Earth could live without the Moon, but life on Earth without the Moon would surely suffer extinction.

The Moon plays a vital role in maintaining the stability of the Earth's rotation axis, and the change of seasons ensures that the climate is stable over the long term, allowing life to survive for hundreds of millions of years on a regular basis. Once the Moon is gone, the climate changes dramatically enough to destroy all higher organisms that are very demanding on living conditions. The classic negative example is Mars, where the current existence of seasons on Mars is only temporary because of the lack of help from the tidal action of a large moons. The moon is the main force controlling the tides, once the moon disappears, the sea water instantly rushes to the noon line directly facing the sun, and a global tsunami is inevitable in the short term. If there was no moon more than a billion years ago, the tidal scale formed by only the sun's gravity would be much smaller. For life on Earth, which transitioned from ocean to terrestrial existence, the intertidal zone as a transition zone is even smaller, and it would have taken longer or even been impossible for life to evolve onto land. But all in all, it is highly unlikely that higher intelligent life like humans will emerge. Of course, the moon's gravitational effect on the Earth is limited, only allowing the fluid seawater to rise about 2 meters or so in height. But the other moons of the solar system are not so lucky. Io is torn by Jupiter's enormous gravitational pull, causing solid rock layers to form vertical deformations of up to 100 meters, resulting in high volcanic activities on Io. Europa Io is a little better, but it has also been torn out of its icy vertical deformation up to 30 meters high, causing the inner core to become active and melt the ice inside to form a subglacial ocean. The moon with its strong gravitational force emptied a lot of asteroids near the Earth. Without the moon, the possibility of the Earth being hit by asteroids will certainly increase. If you don't believe me, go and see the back of the moon full of craters. The Earth can be protected from asteroid impact and is mainly dependent on the thick atmosphere, and the moon's role in sheltering is actually limited. And it is not the early days of the formation of the solar system, the probability of celestial impact is much smaller than five billion years ago. In all fairness, once a satellite with such a large mass as the moon from the outer solar system explodes, it will quickly form a planetary ring like the ring of Saturn, and a large amount of space debris will be attracted by the earth's gravity to crash into the earth. The tragedy of the end of the dinosaur era repeats itself.

I would like to correct the long-standing misconception that the Moon is a small celestial body. It is true that the Moon is small compared to the planets, but when compared to the satellite dwarf planets, the Moon is arguably giant in size. It ranks fifth in mass, almost on par with the Titan and the four Galilean moons. And unlike other large moons made up of half water ice and half rock, the Moon is the only large moon in the solar system that is within the freezing line, which means it is mostly made up of rock and has a high density (the second densest moon in the solar system). Therefore, it is no less massive compared to moons larger than it. It can be said that the Earth is blessed with a small rocky planet that has large moons that only gas giants can have. It is the remarkable gravitational effect of the moon that has given the Earth the possibility of life. Humans are not currently that powerful to propel an object as large as Ceres. The planetary thrusters in the wandering Earth are good to see and not to be taken seriously. And Ceres is so small, about 1/50th the mass of the Moon, that the increase in Mars' mass is better than nothing. Moreover, the water ice of Ceres will be consumed all the way on the way to Mars (closer and closer to the sun), and it will definitely become much smaller when it is sent to Mars.

Why do we sometimes see the big moon turn red: In the process of revolving around the earth, the moon has "cloudy, clear and round" moon phase changes, When the lunar calendar is fifteenth, we will see a full moon hanging in the sky, emitting a charming and bright moonlight. We find that the color of the moonlight changes, sometimes it looks white, and sometimes we find that the moonlight is red, why is that? We know that the moon itself does not actually emit light, the moonlight is actually the sunlight reflected by the moon, so we can first look at the color change of the sunlight. The sun is the only star in the solar system. Through its internal nuclear fusion reaction, it can continuously release energy outward in the form of electromagnetic waves. Solar radiation is a full band of electromagnetic waves, including ultraviolet, visible light and infrared light. We humans can only see the visible light. Visible light is composed of seven kinds of light with long to short wavelengths such as "red, orange, yellow, green, blue, blue and purple". The seven kinds of light are mixed to form "white light." However, we found that whenever sunrise or sunset, the sun we see seems to be red, and the sunlight is also reddish. The reason is that the sunlight passes through the atmosphere before reaching our eyes, and the wavelength is shorter. Blue light and purple light are easier to be scattered by the atmosphere. When the sunrise or sunset, the sunlight travels through the atmosphere is longer, so more blue-violet light is scattered, making Sunlight appear red, we see the sun is also red. Then, the moonlight we see is the sunlight reflected by the moon, so it can also be seen as white light, and when the moonlight passes through the atmosphere, the blue-violet light will be weakened by the atmosphere as well. This means that the moon will also look a little orangish and a little reddish when it first rises or is about to set, although not particularly noticeable. However, when a total lunar eclipse occurs, the sun's light is blocked by the Earth and cannot directly reach the surface of the Moon, but the longer wavelength red light is refracted by the Earth's atmosphere and shines on the surface of the Moon, and then is reflected back to our eyes, thus we see the "red moon".

There are many people who believe that since the Moon is locked by the Earth, it does not move and therefore does not rotate. In our world, there is a system of interactions, the Earth revolves around the Sun and the Moon revolves around the Earth. But the orbits of these celestial bodies are not in one plane, so many strange natural phenomena occur. We humans call the orbits of the Earth-Moon revolution and rotation the white path, the equator, and the ecliptic. The white path is the plane of the Moon's orbit around the Earth. The longest line of the Earth's spherical orbit is called the equator, and the plane of the Earth's orbit around the Sun is called the ecliptic. The white path, the equator, and the ecliptic are not on the same plane, and they have a certain angle of intersection. Since ancient times, the moon has had many fascinating myths and legends. The moon we see every day looks the same, and in times when there was no science, old people pointed to the shadowed part of the moon known today as the Moon Sea and said: that is a laurel tree, and in the moon palace there are Chang'e and the Jade Rabbit, and the laurel wine made by Wu Gang. This is the result of the moon being tidally locked by the earth, which means that the moon always has only one side toward the earth and it looks like it is not spinning. In fact, its rotation has not stopped, but it is synchronized with the revolution and rotates very slowly. I have used an analogy. The male and female dancers dance, face to face, which can be regarded as the two persons lock each other tidally, and then the male turns around and the female turns around too? If you compare a man to the earth and a woman to the moon, don't both the earth and the moon make a full circle?

We can imagine what the state of the moon would be if it did not

224

rotate. In the solar system, the sun is relatively stationary relative to our planets.

The so-called planets that do not rotate are always facing the sun on one side and back to the sun on the other. In fact, the planet locked by the solar tide is also in self-travel, it just revolves around the sun once, and at the same time it rotates once, this rotation is even slower. If the Moon is tidally locked to the Sun, it will always be facing the Sun on one side, and there will be no rotation relative to the Earth. In this case, what does the moon look like to us on Earth?

We can also imagine the action of a chain ball player throwing a chain ball in a circle, the moon is locked by the Earth's gravitational tides, the chain ball is locked by the athlete's chain, always be chained to the side facing the athlete, so the athlete will always see only one side of the chain ball. If the chain ball is not followed by the athlete's rotation, but has been thrown in the reverse direction, the chain ball will rotate in front of the athlete, its side will always face forward, and turn a full circle around the athlete, the athlete can see that the chain ball turns a full circle.

We can also go back to the aforementioned dancing partners. If the female dancer does not rotate, her face is always facing the stage singer, wouldn't it be her neck spinning? Wouldn't the male dance partner turn around the female partner's head once, see the back of the head from the front, and then turn back to face? So, can we see the back of the moon's head? No, it fully shows that after the moon is locked by the earth's tides, its rotation and revolution are perfectly consistent. It revolves one circle, it also rotates one circle, and it is tightly synchronized, just not let you look at the back of its head.

Asteroid Belt

These small stars were formed by the impact of a relatively large planet, or it exploded on its own to form today's remnants. There are several very large remnants. Due to their relatively large mass, they have reached their own fluid balance in the subsequent movement, so they have become spherical, typically like Ceres. A similar point of view is that there are several celestial bodies the size of Ceres at this location, and they collided, and they became what they are today.

The cause of these asteroid belt gaps was the collision of two planets that caused the alien planet and the titan to split. After the collision, the alien planet and Titan split into many pieces, but most of the alien planet breakup was controlled by the solar system energy field and became

the solar system's large elliptical orbit planets and some large and small comets. The fragmented matter is remaining in the original orbit of Titan, among them, the smaller ones form the asteroid belt, and the larger ones form Mercury, Venus, Earth, and Mars.

Why is there a total of more than 500,000 asteroid belts between the orbits of Mars and Jupiter? The universe is a mysterious and extremely regular existence. Human beings have very limited knowledge of the universe, but this limited understanding is very regular. The so-called great Dao is simple. We discovered that the universe has two basic characteristics. One is that the universe is material, that is, the universe is made up of matter. We call matter of all kinds that make up the universe as celestial bodies; the other is that the universe is in motion and all the celestial bodies that make up the universe are in constant motion.

All kinds of celestial bodies in the universe attract and orbit each other to form different classes of celestial systems. We find that regardless of the level of the celestial system, the basic form of its motion is the same, that is, to do "orbiting motion", the moon revolves around the Earth, the Earth revolves around the Sun, the solar system revolves around the center of the Milky Way, as for what the Milky Way revolves around, it is not clear, but certainly also in a circular motion. In the solar system, the eight planets are almost in the same plane, in the same direction, in an elliptical orbit around the sun in a periodic motion, almost a perfect form of motion. However, there seems to be some incongruity in the perfect picture of the eight planets orbiting the Sun, and that is the existence of not one large planet but an asteroid belt located between the orbits of Mars and Jupiter, in which there are countless asteroids, estimated to be more than 500,000 in total. The orbital position is too close to Jupiter, which has a huge volume and mass, making it difficult for matter to form giant planets due to the effect of Jupiter's gravity.

Why are planets almost always spherical: All planets have in common that they orbit around a fixed position, sometimes disappearing and reappearing in the sky some time later. At the beginning of the 21st century, mankind discovered many planet-like celestial bodies in the distant Kuiper Belt. Therefore, the International Astronomical Union was afraid of confusing concepts and misleading the masses. For this reason, it officially defines what is called a "planet". Three conditions must be met to be considered a planet. (Strictly speaking, it is the concept of planets in the solar system) —— ① the planet must be an object orbiting the Sun; ② the planet's gravity can make its own size into a sphere; ③ the planet is large enough to clean up the portal and remove all kinds of debris from its own orbit. All objects have their own gravitational force, the gravitational force that pulls in the direction of the center. Whether it's your body, the banana on the table, or our earth or moon, it's just that the gravity of the first two is too small for us to notice, but the latter two are the fundamental reasons that determine their own shapes. One more sentence: why? This is because the larger the mass of the object, the greater the gravitational force generated, whether it is its own gravitational force or the gravitational force between objects. Because of the magnitude of gravity, it is actually the degree of curvature of time and space. The planet's own gravity is like a wheel, and the pressure points to the center. As for the asteroid belt and the Kuiper belt, those asteroids and small celestial bodies that look like sweet potatoes and potatoes, why can they grow like that. The main reason is innate - their own gravity is too small to become more spherical.

Why are there asteroid belts/halos around stars? The asteroid belt is affected by Jupiter's gravity, and the remnants of large planets are not formed, it is very low density, In space, it is like only a few fish in the Pacific Ocean, and the probability of collision is very low. The halo is mostly formed by the fragmentation of satellites for some reason. Compared with the asteroid belt, the density is quite high, so the particles in it will often collide. But because most halos are within the Roche limit of the planet, it is difficult to aggregate to form a large celestial body, and the tidal force of the planet will tear the large celestial body to pieces.

What are the common characteristics of the existence of the asteroid belt and the Kuiper belt: The Kuiper belt is the remnant of the early nebula of the solar system, which were formed theoretically because the solar nebula cooled and was dispersed out? However, the Kuiper Belt is so far away. So there are no large celestial bodies behind the Kuiper belt. Because of Neptune's gravity, some asteroids were thrown out for a long time to form the Kuiper belt. At the same time, the gravity of Neptune also affects the orbit of the asteroid in the Kuiper belt, making it impossible to coalesce. This is the same as Jupiter's gravity on the asteroid belt, except that Neptune is in front of the Kuiper belt. In addition, the large area of the Kuiper Belt, the dispersion of celestial bodies, and the composition of celestial bodies also prevent the Kuiper Belt from coalescing.

Comet

Comets do not have the same orbits around the Sun as planets: this is because comets are long bodies, not round, they are small objects that orbit the Sun, produce diffuse gas envelopes as they approach, and tend to have long luminous tails. Comets are usually distinguished from other objects in the solar system by their hazy appearance and extremely flat elliptical orbits.

Comets usually have elliptical orbits with very high eccentricity, and their orbital periods range from a few years to several million years. Short-period comets originate in the Kuiper Belt or in more distant discrete disks beyond Neptune's orbit. Long-period comets can be caused by the passage of stars and galactic tides that cause gravitational uptake. Comets with hyperbolic orbits can pass through the inner solar system and then be flung into interstellar space due to strong gravitational forces. The appearance of comets is known as phantom fire apparitions. Comets are distinguished from asteroids by the presence of an extended, gravity-free atmosphere around the central nucleus of the comet. Part of this atmosphere is called Coma and tail and is composed of dust or gas blown out of the comet by solar light pressure or solar wind plasma. However, extinct comets that have come close to the Sun many times have lost almost all volatile ice and dust and may act like small asteroids. Asteroids are thought to have a different origin than comets, forming inside the orbit of Jupiter rather than in the outer solar system. The discovery of main belt comets and active Centaur asteroids has made the distinction between asteroids and comets very blurred.

Comets are mainly composed of snow and ice, so why won't it sublimate in space for tens of millions of years: comets are from outside the "snow line" of the solar system, where the sun's light is weak and therefore low temperature, so water ice, dry ice and other volatiles can remain for a long time. When the orbits of these volatile-rich small celestial bodies are disturbed by gravitation and enter the inner solar system and gradually approach the sun, the sun's thermal radiation causes these volatiles to sublimate and steam out with dust, and they are blown out by light pressure and solar wind to form a spectacular tail of the comet. It can be said that when the volatile matter of a comet is all dried up, it becomes an asteroid, because the key difference between a comet and an asteroid is whether the perihelion emits material. It's like living people have a heartbeat. Those who don't have a heartbeat are dead. Of course, there are also sayings such as dormant comets. Some celestial bodies are considered both asteroids and comets. These are the centaur celestial bodies in the solar system. Their orbits are similar to comets with large eccentricity, and at the same time they will emit some gas and dust at perihelion, and their size is much larger than the average comet nucleus.

Why do comets shine: The material on the comet is illuminated by the sunlight so we can see the comet. The core brightness of the comet mainly lies in the coma and comet tail rather than the comet nucleus. The surface of the comet is the surface of the nucleus, and its Coma is equivalent to the comet's atmosphere. The comet nucleus is mainly composed of water ice, frozen gas, and rocks fused together, and the surface of the nucleus reflects very low sunlight. Comet is a small cold solar system celestial body, when it is close to the Sun, the comet will start to warm up and release a large amount of gas, which will produce the visible comet atmosphere, which is often referred to as coma, and sometimes also produce comet tail to make us see. These phenomena are caused by the radiation pressure from the Sun and the solar wind acting on the nucleus of the comet. Comet nuclei generally range in diameter from a few hundred meters to several tens of kilometers, and they are composed of loose ice, dust and small rock particles. If the comet is bright enough, it can be seen directly with the naked eye from Earth without using any telescope.

What kind of existence is comet: Comet is a small celestial body that enters the inner solar system along a long and narrow orbit? When it is close to the sun, it is heated by the sun, and the surface ejects gaseous matter and dust, forming a coma around the comet nucleus and a long comet tail. In the outer layer of the solar system, in addition to silicate mineral dust, there are also widely existing elements such as hydrogen, carbon, nitrogen, and oxygen in the form of solid methane, ammonia and ice. They agglomerate into small celestial bodies like dust and other solid particles, and orbit the sun steadily. The revolution period of these small celestial bodies is so long that the collision process between celestial bodies has not completely ended. Sometimes, some small celestial bodies are disturbed by gravity or collide with each other, change their orbits away from the solar system, or lose part of their angular momentum to enter the inner solar system. When these small celestial bodies moved out of the edge of the cold solar system and entered the inner solar system, the originally stable structure began to become active as the temperature increased. The expanding gas forms a "fountain" carrying dust and debris and sprays around, forming a short-lived "atmosphere." The coma is not maintained by the gravitational force of the comet, but it is constantly escaping. The flying dust is affected by the solar wind and deflects away from the sun, forming a comet tail that is tens of millions or even hundreds of millions of kilometers long. The length of the comet tail can exceed the distance from the earth to the sun or even longer, which makes the comet seem to be the largest celestial body in the solar system. However, both the coma and the tail belong to the ejecta of a comet, just like the particle stream flying to various places in the universe when a supernova explodes. Strictly speaking, they are not part of the comet. Of course, this does not prevent comets from becoming the most spectacular astronomical phenomenon visible to the naked eye on Earth. Some small celestial bodies gain kinetic energy after changing their orbits, lose angular momentum, and move away from or approach the sun along an open orbit. Among them, the comets close to the sun become aperiodic comets. They will experience a baptism of sunlight. After passing the perihelion, they will move away from the sun. After a long journey, they will leave the solar system and become wandering celestial bodies. Some comets do not have enough energy to get rid of the sun's gravity, so they orbit the sun in a long and narrow elliptical orbit. Every time it approaches the sun, the loose comet structure will eject some material and experience a violent "geological movement" at the same time. Therefore, the final fate of periodic comets is often broken and disintegrated after approaching the sun at a certain time. The planets in the solar system also affect the orbits of comets, especially Jupiter, whose strong gravity changes the orbits of some comets, creating a series of "Jupiter family" comets with a short revolution period. There are also some comets that will directly collide with large planets. In the early stage of the formation of the solar system, most terrestrial planets were in a high-temperature molten state, and it was difficult to retain water vapor. Most of the water molecules were blown into the outer solar system by the solar wind. After terrestrial planets have cooled, collisions in the outer layers of the solar system are still very frequent. Some comets bring condensed water from the outer layers of the solar system back to the inner solar system, some comets dissolve in the inner solar system, and some directly hit the planets. Most of this water was eventually captured by planets and became an important source of water on terrestrial planets.

Water is very common on other planets. From the perspective of the universe, hydrogen accounts for more than 70% of the universe. Oxygen is also a very common product of stellar fusion. Therefore, it is well understood that there is a lot of water (ice) in the universe. Then look at the inside of the solar system. Let's talk about the outer planets first, let alone the four big planets of wood, earth, sky, and sea. Find one of their satellites, such as Europa. The water ice on it is more than the water on the entire earth. Europa and the water of the earth. Not to mention the four big planets. The problem is mainly the inner planets. Although the inner planets other than the Earth are much drier than the outer planets, Venus and Mars also contain a lot of water (ice). Let me talk about Mercury. Because it is too close to the sun, the solar radiation is too strong, the temperature is high, and Mercury itself has no atmosphere. Water molecules are easily destroyed by solar radiation such as ultraviolet rays, and hydrogen escapes. If the water ice on Mars is turned horizontally and spread on its surface, it can reach a thickness of about 5m, which is not a little. Most of the water ice on Mars is hidden in the polar caps of the two poles, and some ice exists deeply beneath the surface. When the solar system just began to take shape, the inner and outer solar systems should have similar water content. As the primordial sun was formed and began to glow and heat, the water in the inner solar system began to be destroyed, and the mass of hydrogen was small. If the mass of the planet was not large enough, it would be easy to escape. In this way, the hydrogen element was gradually driven away from the inner solar system. There is a "snow line" between the inner and outer solar systems, probably between Mars and Jupiter. Now that water, gold, and Mars are short of water, it is actually a lack of hydrogen. Oxygen is everywhere. In the hundreds of millions of years since Mars was formed, there was a lot of water on it, and because the temperature of Mars was higher than it is now, a huge ocean was formed, and there are still traces of currents. That's how the water is lost. Another factor is temperature. Venus and Mars are the two extremes of the inner solar system. The planetary system is the area where liquid water can exist. Although some water still remains on Venus and Mars, because of the temperature, we cannot see liquid water flowing on them. Venus exists entirely as steam, and Mars is dry and cold, either steam or water ice. As for the earth, it happens to be in the habitable zone; secondly, the mass is large enough, it has its own magnetic field, and the water molecules are better protected. Even if it is destroyed, the hydrogen cannot easily escape; and it is supplemented by comets. So much liquid water is preserved-all levels on the earth can be spread up to several kilometers thick!

Saturn

236

Now Saturn's rings do not appear at Saturn's poles. Saturn's rings are the manifestation of the aura of Saturn's rotation. Saturn's rings are always on the equator. When the equator changes position, the rings will also change. Why are many people afraid of Jupiter and Saturn? Because Jupiter and Saturn are too large, equivalent to 1,321 Earths and 750 Earths, respectively, they are very oppressive. Jupiter's rotation is very fast-it can make one round of rotation in less than 10 hours-so when we see the Great Red Spot on the surface of Jupiter, it may have turned to the back. Such a fast rotation speed also makes Jupiter's equatorial region obviously more "fat" than the polar regions. As the largest of all planets orbiting the sun, Jupiter is larger than all other planets combined. Jupiter has a halo. In fact, the four giant planets outside the solar system have halos. Unlike Saturn's halo made of ice, Jupiter's halo is made of dust. As the largest planet in the solar system, Jupiter produces the strongest gravity. There are still many debates about what role it played in the formation of the solar system. What we know is that Jupiter cannot be separated from the series of violent collisions that occurred in the inner solar system during the late heavy bombardment period.

Similar to Jupiter, underneath the thick cloud is metallic hydrogen. There are two reasons for this, one is to note the position of hydrogen in the periodic table of elements, it belongs to the first main group of elements, except for it, the rest are all active metals. The second point is that in the high-pressure environment of Saturn, hydrogen, which originally does not show metallic properties, is pressed into something like mercury. This can only happen in the high-pressure environment of a gaseous planet. Underneath the metallic hydrogen is very small solid nuclei with high density. Have you ever had the experience when you feel your body is a little out of balance and you feel like you are slowly falling down and there is nothing you can do about it? Saturn also has a deep experience of planet-forming gas spinning in the plane of its orbit. Without any interference, each one should be pointing at right angles to their path around the Sun. The reality is even more confusing. The angle between a planet's equator and its orbital plane is called the inclination angle. Mercury, Venus and Jupiter behave as expected, with inclination values of only a few degrees, leaving them with almost no seasonal turnover. The cause of each inclination is as independent as the planet itself, Saturn, one of the eight planets of the solar system, is sixth in distance to the Sun and second in size only to Jupiter. It is also a gas giant, along with Jupiter. In ancient China, it was also called the planet Zhen. Saturn was named by the ancient Chinese according to the five elements and the color of Saturn as observed by the naked eye. Saturn has many moons, ranging from Titan, which is larger than Mercury, to small moons less than 100 meters wide. In addition, there are millions of microsatellites and a system of Saturn's rings made up of countless tiny particles. Seven moons are massive enough for their gravity to collapse into a nearly spherical shape, although only Titan is in hydrostatic equilibrium

(Titan is also possible). Some of Saturn's moons have a unique and special geography. Titan is the second largest moon in the solar system (after Io), and has an Earth-like nitrogen atmosphere, lakes of liquid hydrocarbons, rivers and rainfall. Titan's south polar region ejects gas and dust, and there are likely to be oceans of liquid water beneath its surface. The surface of Titan VIII is divided into two hemispheres, black and white, with contrasting colors.

Mercury has a nucleus so large that it is out of proportion to its size. It appears that the planet's outer shell has been stripped away. The solar wind blows gas and dust outward, creating a region where material is more concentrated. There is a large concentration of hydrogen and helium. There is also a lot of solid dust. This is just beyond the snow line of the solar system, where water can exist in solid form (ice). The presence of this ice allows the primitive planetary nuclei to rise rapidly to several times the mass of the Earth, gaining enough gravity to attract hydrogen and helium. At this distance from the Sun, matter moves more slowly, and makes coalescence easier. The formation process of Jupiter goes like this. First, solid dust and ice coalesce into a nucleus that is about several times the mass of the Earth, and then gas is adsorbed at the center of this nucleus. The adsorption process results in the formation of an accretion disk similar to that of a black hole. Saturn is formed by the same process, but because there is not enough material, it is one size smaller than Jupiter (95 times the mass of the Earth). However, it is up to 60% of

Jupiter's volume, so it is the least dense planet in our solar system. It is often said that if you put Saturn in water, it will float. The Kuiper Belt contains a lot of debris that failed to coalesce into large planets, including Pluto. They were also formed at positions within Jupiter and were thrown out by the gravity of the big planets early in the solar system. When Neptune was ejected, it disturbed the orbit of the Kuiper Belt, allowing these asteroids to continue their outward migration to where they are today. Our mental image of the solar system generally shows the major planets in their own orbits orbiting the Sun in a peaceful manner. However, on time scales of millions or billions of years, the orbits of the planets have always changed, caused by the gravitational interactions between the planets. For example, the eccentricity of Mars' orbit has been increasing, and in 5 billion years it will cross the Earth's orbit. When the time comes, it is likely to stage a disaster movie of Mars hitting the Earth. The eccentricity of Mercury's orbit is also increasing, so its gravitational influence by Venus is also increasing, and the final outcome may be a collision with Venus or Earth.

The interior of Saturn is similar to Jupiter, with a small rocky core surrounded mainly by hydrogen and helium. The composition of the rocky core is similar to that of Earth, but slightly denser. A thicker layer of liquid metal followed by a layer of liquid hydrogen and helium on the outside, and the low surface temperature and high escape velocity of Saturn allow the planet to retain all the hydrogen and helium it had when it was formed billions of years ago.

Some interesting points about Saturn.

- Saturn is not the only planet with rings. Jupiter, Uranus, and Neptune all have rings, although their rings are thinner than Saturn's and not as spectacular.

- The wind travels approximately faster in Saturn's atmosphere than at Jupiter.

- Saturn and Jupiter are opposite. Jupiter is related to expansion, and Saturn is related to contraction. Saturn is related to boundaries, practicality, authenticity, and the establishment of social structures.

- As the seventh day of the week, Saturn is named after Saturday, the most distant of the seven known celestial bodies in the solar system in ancient times.

- Titan, the largest moon of Saturn, is the only known moon with a real atmosphere.

- The planet bulges at the equator and the poles are flat. It is the flattest planet in our solar system. In fact, Saturn rotates faster than any other planet except Jupiter.

- Saturn's weather is more diverse than that of any planet in the solar system, and the reason for this is that Saturn's climate is determined by its internal conditions rather than by the Sun. The reason for this is that Saturn is far from the Sun and heat is generated from within.

- Saturn is considered to be one of the most beautiful and amazing planets in our solar system. Although there is some temperature difference between the poles and the equator, the difference is not large. This is because Saturn's heat does not come from the Sun, but from its interior.

- The atmospheric pressure of Saturn is greater than the atmospheric pressure of Earth. Its pressure is so high that it cannot only liquefy gases, but also crush any man-made spacecraft. Saturn releases more than twice as much heat as it absorbs from the Sun. Saturn generates heat as helium slowly sinks through liquid hydrogen deep inside the planet.

- Lightning is common on Saturn, but unlike on Earth where it occurs between clouds and the ground they occur between clouds and clouds.

- Because Saturn tilts and rotates it has seasons. Summers on Saturn last a long time. The moons have underground oceans, methane lakes, maybe signs of life...that's Saturn.

- Saturn's rings are very large and wide, but they are also very thin, in fact, they are less than the length of a soccer field. For comparison, if Saturn were the size of a basketball, its rings would be only about a few hundredths the thickness of a human hair.

- Saturn's halo is made up of billions of rocks and ice, ranging in size from a grain of sand to pieces as big as a house. They have a mysterious red "contaminant" that may be due to rust, or the same organic material found in red vegetables on Earth.

- Saturn's moon Titan is a very noisy place. Titan's thick air conducts sound waves very rapidly resulting in very loud winds.

- Saturn is the only planet with a density lower than water, Saturn is the least dense planet in our solar system and would float if placed in a large enough container of water. In contrast, Earth and Mercury sink at the fastest speed.

- Saturn is called a "visible to the naked eye" planet because it can be seen without a telescope or binoculars. Saturn is usually the third brightest planet in the night sky, with a yellowish color that does not twinkle. Unlike stars, earth-like planets do not twinkle because they are closer to Earth.

Neptune

What could be the cause of the huge storm on Neptune? First, there is a huge high-pressure vortex system deep in the atmosphere of Neptune. This vortex system causes the warm and humid methane gas in the deep layers of the atmosphere to rise. When it rises to a height that can condense the methane gas, a condensation cloud of methane is formed. This is the result we have seen. The wind speed on Neptune's atmosphere varies greatly with latitude. So there are bright clouds that span so many latitudes, and there must be forces to bring them together, such as a high-pressure vortex system. By the way, this discovery may be seasonal weather changes in Neptune's atmosphere. After all, Neptune's revolution cycle has a certain period of time, and human imaging observations of Neptune have only been decades.

Why is Neptune's wind the strongest in the entire solar system (except the sun)? It takes 16.11 hours for Neptune to make a full rotation, and it takes 20-22 hours for its clouds to orbit Neptune's equator. In this way, the rotation of the Neptune planet is misaligned with the rotation of the atmosphere, causing the phenomenon of repeated storms, and the cause of this storm has nothing to do with the heat of the sun. One thing to add is that huge storms are characteristic of Jupiter-like planets and ice giants, and the four outer planets in the solar system have this characteristic. Neptune's atmosphere is mainly composed of low-density and light-weight hydrogen, helium, and trace amounts of methane. It has no solid surface and therefore has little resistance to storms. The heat transfer is very fast due to strong convection. Why doesn't NASA shift its energy from Mars to Io, Titan, Uranus, and Neptune? Due to the lack of isotope fuel, Jupiter, Saturn, Uranus, Neptune, etc. are too far away from the sun, resulting in weak sunlight. For example, the intensity of sunlight in the orbit of Saturn is almost only 1/100 of that of the earth, so it is difficult to use solar cells for power supply. Only nuclear energy can be used. There are two major types of nuclear energy currently used in space: 1.

Nuclear reactors. 2. Radioisotope generators, also commonly known as nuclear batteries. The former has not been practically applied in deep space exploration due to various reasons. Only the Soviet radar-type ocean surveillance (spy) satellite has been used, and there have been many accidents. The technology is relatively complicated and not suitable for small spacecraft. The latter is very common. Many well-known detectors such as Voyager (Navigator), Cassini, New Horizons, Curiosity rover, etc. are all used. However, its nuclear fuel, plutonium 238, is relatively scarce. This is because nuclear bombs were produced in large quantities during the Cold War, and plutonium 238 was provided as a by-product when plutonium 239 was produced. After the end of the Cold War, relatively cheap sources were lost. Separating and extracting plutonium from high-level radioactive nuclear waste using isotopes is dangerous and expensive. Of course, NASA and the U.S. Department of Energy have begun to re-produce plutonium 238, but the current output is still too small. So if you want to go to more distant places without power, you can only focus on Mars. In addition, the improvement of solar cell efficiency now allows solar energy to be used on . Juno and the Europa Clippers that have not yet launched both use solar cells, but Jupiter has a strong radiation belt, and solar cells are in Jupiter's magnetic field captures high-energy particles and is prone to aging under the strong radiation belt, and it is durable without a nuclear power source. Therefore, nuclear power is still essential in the outer solar system.

Why is Pluto kicked out of the nine planets? Pluto is the first Kuiper belt object to be discovered, so it is considered a large planet. In the Kuiper Belt, there are many celestial bodies about the size of Pluto, such as Eris, which was later discovered even larger than Pluto. In other words, if humans discover other celestial bodies first, maybe the ninth planet is not Pluto but someone else. Restricted by the observation technology at the time, at first It was thought that Pluto was as big as the earth, but later it was discovered that its radius was less than 20% of the earth, and its orbit was not strictly outside of Neptune. Sometimes it would drill into the orbit of Neptune and move around. According to the newly defined terms, Earth, Mars, Jupiter, and Neptune will all share their orbits with asteroids and will therefore also be excluded. If so, all large spherical satellites, including the moon, should also be considered planets. So many arguments are fallacies.

Comet

Comets, as a type of celestial body, have a temperament. When they pounce toward the sun from the edge of the solar system along an elliptical orbit, the icy stars heat up rapidly as they approach the sun quickly. The liquid on the surface of the stars evaporates quickly and the dust is mixed with dust and blown in the opposite direction by the solar wind. This is the tail of the comet. . The sunlight reflected by the tail of the comet produces a spectacular scene that can last for days, weeks, or even months, shining brightly in the night sky.

Comets usually have elliptical orbits with very high eccentricity, and they have a wide range of orbital periods, from a few years to several million years. Short-period comets originate in the Kuiper Belt beyond the orbit of Neptune or in discrete disks further away. Long-period comets are thought to originate in distant Oort clouds, which are spherical clouds that can extend from the outer Kuiper belt to the nearest stars. Long-period comets would be due to the passage of stars and the gravitational uptake caused by galactic tides. Comets with hyperbolic orbits can pass through the inner solar system and then be flung into interstellar space due to strong gravitational forces. The appearance of comets is known as phantom fire apparitions. Comets are distinguished from asteroids by the presence of an extended, gravity-free atmosphere around the central nucleus of the comet. Parts of this atmosphere are called Coma and comet tail. However, extinct comets that have come close to the Sun many times have lost almost all volatile ice and dust and may behave like small asteroids. Asteroids are thought to have a different origin than comets, originated inside the orbit of Jupiter rather than in the outer solar system. The discovery of main belt comets and active Centaur asteroids has made the distinction between asteroids and comets very blurred.

Why does a comet shine: what is its surface: To put it simply, it is that the material on the comet is illuminated by the sun's light, so we can see the comet. The core brightness of the comet mainly lies in the Coma and comet tail rather than the comet nucleus. The surface of the comet is the surface of the nucleus, and its Coma is equivalent to the comet's atmosphere. The comet nucleus is mainly composed of water ice, frozen gas, and rocks fused together, and the surface of the nucleus reflects very low sunlight. A comet is a small icy solar system celestial body. When it approaches the sun, the comet will begin to heat up and release a large amount of gas. This is a process. This will produce a visible comet atmosphere, which is what we often call coma, and sometimes a comet tail that we can see. These phenomena are caused by the radiation pressure from the Sun and the solar wind acting on the comet nucleus. Comet nuclei generally range in diameter from a few hundred meters to several tens of kilometers, and they are composed of loose ice, dust and small rock particles. The length of the coma can reach 15 times the diameter of the earth, and the length of the comet's tail can be as long as one astronomical unit. If the comet is bright enough, it can be seen directly with the naked eye without using any telescope on the earth, and it will show an arc of about 30 degrees in the night sky. A coma is generally composed of ice and comet dust. The parent molecule of water is mainly destroyed by photo dissociation and a lesser degree of photoionization. Compared with photochemical action, solar wind plays a secondary role in the decomposition of water. Larger dust particles are left behind along the comet's orbital path, while smaller dust particles are pushed away by sunlight and enter the comet's tail.

Meteorite

The origin of the meteorite theory comes mainly from theories including the breakup of large planets, the origin of comets, and the origin of asteroids. Between Mars and Jupiter is an asteroid belt with thousands of small planets called asteroids. Most of these asteroids cannot be measured in size. The largest and oldest asteroid discovered is Ceres. In studying the mineralogical, chemical, isotopic, age, and other characteristics of meteorites, it has been found that the existing meteorites are not at least one parent of a large planet, but parent meteorites with different compositions, structures, and evolutionary histories. In other words, asteroids floating in space are formed when or after large planets explode. Therefore, the breakup of the big planet is clearly unsustainable. Some short-lived comets will evaporate and "die" within 1 billion years, and the asteroid's nucleation will be Apollo. Some meteorites come from the remaining nuclei. The breakup of large planets shows that there is a large planet with a nickel nucleus in the core of its asteroid body and a shell of silicates on the outside. Planets explode, become many types of asteroids and meteorites.

The spectral and albedo properties of asteroids are similar to those of known meteorites. The mineral composition, structure, and density of asteroids correspond to those of several meteorites. Studies of the thermoelectric and cooling rates of several meteorites show that the radii of several meteorites are much smaller than 350 km. As the mother of meteorites, asteroids are more suitable. Calculations of the orbits of some meteorites prove that the origin area belongs to the asteroid belt. Many asteroids are hindered by nearby Mars or Jupiter. Or, as a result of collisions between planets, some of the debris breaks away from its original orbit and lands on the surface of the Earth, becoming meteorites.

The above is the most objective and true. But meteorites are created by the breakup of planets and then fall to Earth due to certain objective factors. Thousands of meteorites land on Earth every year, few of them are found or discovered by humans, and most of them fall into uninhabited areas, rivers and lakes. When people find this "cosmic visitor", they usually ask: Why did you fall on Earth? Therefore, there are a lot of speculations or fantasies about meteorites.

Total Solar Eclipse

When the shadow of the moon begins to move from the Middle East to the Pacific, our day will become like night, with stars in the sky. There will be an empty hole in the sky, where the sun is, and there is a flame-like ring outside, which is the corona.

The occurrence of a total solar eclipse will be rich in historical significance, and records of eclipses have always existed, with the earliest records dating back to the ancient Mesopotamians who wrote about the spectacular event. It was in the 14th century B.C., when they considered the eclipse a symbol of shame, which may also have led the Egyptian pharaoh Akhenaten to believe in the sun's divinity.

Ancient Chinese astrologers would lose their lives if they failed to accurately predict the phenomenon of eclipse and the fortune of the emperor, and their emperor was a symbol of the sun. One of the earliest recorded special events in history was a war between the Lydians and the Midianites. It took place on May 28, 525 BC, when the phenomenon of eclipse occurred so that the soldiers all laid down their weapons and declared a truce. And how exactly did the phenomenon of solar eclipse come about? At the time of a total solar eclipse, the Moon moves between the Earth and the Sun. At this point, the moon's shadow will completely cover the sun, although the sun is much larger than the moon by far, but is this really possible? The Sun is 400 times larger than the Moon, but as it happens, the Moon is 390 times closer to the Earth than the Sun, and the difference in size and distance from the Earth will cancel each other out, making the Moon and Sun appear almost the same size. Each time the Moon orbits the Earth it takes 27.3 days for it to pass between the Earth and the Sun, a phase called the New Moon. And each time the moon passes, the new moon has the potential to block the sun. Most of the time, the Moon only blocks the upper part of the Sun, or a small part of the lower part. But if the two completely overlap, the moon's shadow will completely block the sun's light from the Earth, and the resulting shadow becomes a total solar eclipse. Just like the Earth entering darkness, the sky during a total solar eclipse is completely dark and full of stars.

But if the Moon completely covers the surface of the Sun, it does not cover the Sun's outer atmosphere, the corona, which appears to have a flame-like outer ring that envelops the dark Moon. Solar eclipses occur several times a year, but most are partial eclipses. The Moon does not completely overlap the Sun, and when it does, the Moon is usually too far away from Earth to completely cover the Sun, which becomes an annular eclipse. During an annular or partial solar eclipse, the sky remains bright, even during rare total solar eclipses, when the moon's shadow is likely to be cast over the sea and visible to only a very few people. If our ancestors, 100 million years ago, had looked up at the sky during a total solar eclipse, they probably would not have seen the sun's outer corona, but would only see pitch black. Eventually, the Moon will move away from the Earth to a point where it completely obscures the Sun. This process is a blink of an eye in the long history of the Earth, but it is just the moon being in the right position to form a total eclipse and expose the corona, and when the moon completely overlaps the sun and is just the right distance from the Earth, its shadow will cross the United States, and if you happen to be in the same line as all three, you will witness one of the most majestic views in the universe. However, the spectacular view is accompanied by great hazards, and only special filtered glasses designed for eclipse viewing can be used to view the eclipse. The solar eclipse phenomenon may be degrading to the sun, but even a degrading sun can sting your eyes. A solar eclipse occurs when a portion of the Earth is engulfed by the shadow of the Moon, which completely or partially blocks the sun's light. This happens when the Sun, Moon and Earth are in line. Such an alignment coincides with the new moon, indicating that the moon is closest to the ecliptic plane. During a total solar eclipse, the Sun's disk is completely blocked by the Moon. In partial and lunar eclipses, only part of the Sun is blocked.

If the moon is in a circular orbit close to the earth and in the same orbital plane, there will be a total solar eclipse every new moon. However, because the moon's orbit is tilted about 5 degrees from the earth's orbit around the sun, its shadow usually does not block the earth. A total solar eclipse will only occur when the moon is close enough to the ecliptic plane at the new moon. The two events must have special conditions to happen at the same time, because the moon's orbit crosses the ecliptic at its orbital intersection twice every other month, and the new moon appears once every other month. Therefore, solar and lunar eclipses only occur during the eclipse season, resulting in at least two to five times. A solar eclipse will occur once a year, and not more than twice, one of which will be a total solar eclipse.

Partial solar eclipse

In fact, ordinary people can understand with a little imagination: In broad daylight, you are walking down the street as usual. Suddenly, the sky is dark, and you are surprised. It is clear that it is already at night before twilight. When you look up at the sky with trepidation, you can see that the sun has turned into a black disk, surrounded by a circle of weird rays that are almost as bright as the full moon, and you can see stars all around. Just when you were stunned, you already felt a little bit of chill in your body. When you are immersed in this cold night, the sky begins to brighten again, and the sky is restored to its original state in an instant.

Causes of partial solar eclipses: A solar eclipse is a phenomenon in which the Moon blocks out the Sun as it orbits between the Sun and the Earth. When the Moon orbits closer to the Earth, it will appear slightly larger than the Sun from the ground, and it is possible for the Moon to completely block the Sun, resulting in a total solar eclipse. When a total solar eclipse occurs, the Sun is partially blocked when seen from the area around the total eclipse zone , that is a partial solar eclipse.

What are the highlights for a total solar eclipse? 1. Corona and solar prominence: The atmosphere of the sun is divided into photosphere, chromosphere, and corona from the inside out. The sun we usually see is its photosphere. The chromosphere and the corona are not visible because they are much darker than the photosphere and are submerged in the dazzling light of the photosphere. The same is true for the stars that are not visible during the day. As soon as the second contact of the total solar eclipse reaches the third contact, the photosphere is blocked by the moon, and without the dazzling photosphere, the outer two layers can be seen. The corona can extend more than 2 times the radius of the sun, and the chromosphere is red. When the sun is active, it emits air currents, called "prominences", which are said to be shaped like ears, hence the name. The brightness of the corona is comparable to that of a full moon. And one thing that doesn't show up in photos is that the corona is fluid, and you can see it dancing around the sun constantly.

In the absence of a total solar eclipse, I took a coin to block the photosphere of the sun, the corona and prominences wouldn't be visible. The reason was the atmosphere of the earth. The sunlight continuously scatters in the atmosphere. If you block the sunlight facing the sun, the surrounding light will enter your eyes. The same is true when you cover the sun and still cannot see the stars during the day. The moon is an object outside the atmosphere, where light is not scattered, so within its home umbra, the light from the photosphere is completely blocked. If you cover the photosphere with a coin in space outside the atmosphere, you can easily see the corona and prominence.

Baily's beads: What is the shape of the moon? I believe that many people will answer that it is spherical. But is the moon a perfect sphere? No. There are also high and low mountains, canyons, and craters. Therefore, during the short time before and after the second contact and third contact of eclipse and birth light, the two circles of the Sun and Moon are almost tangent to each other, and the undulations of the Moon's edge split the sunlight into a string of small dots, like beads.

Shadow band: These are flowing wavy lines of alternating light and dark that appear on the ground for a short period of time before the second contact of a total solar eclipse and after the third contact of a total solar eclipse. There is no good explanation for its cause, but it is generally believed to be caused by the Earth's atmosphere. It is also very difficult to photograph the shadow bands, and it seems that no one has yet captured a photo or video of the shadow band that can better reproduce the visual effect.

So it seems that before and after the second contact and third contact are the key points of the total solar eclipse. Before the second contact, remember to look at the shadow bands and Baily's beads, then the sky darkens. The middle few minutes can be used to admire the corona and prominences, as well as the stars in the sky, and to take some creative photos if you have more time. Of course, it is not recommended that people who are watching the total solar eclipse for the first time put too much effort into taking pictures. The time between the second contact and the third contact is very short, and your mood is often too excited, it is likely to toss and turn for a long time without taking satisfactory photos, and your eyes have not seen enough, that would be a pity. After the third contact, Baily's beads and shadow band will appear. Many people are often impatient from the third contact to the fourth contact. After all, the essence of a total solar eclipse is over.

Transit of Venus

The period of Venus's one circle movement around the Sun is about 224 days, the period of Earth's one circle movement around the Sun is about 365 days, and the conjunction period of the two is about 583 days, so does it mean that once every year we can see the phenomenon of transit of Venus, because although the orbits of the eight planets have the characteristic of co-planarity, but there is still a certain angle between them, Most of the time, when Venus and the earth meet, they are not in a straight line with the sun, this means that Venus cannot cross the surface of the Sun when observed from Earth, but crosses the Sun's edge. Therefore, the actual time interval for observing the transit of Venus is much longer, and it can only happen twice every 100 years or so. The transits of Venus usually appear in a group of two transits with a time interval of 8 years. After this time is missed, it may take 100 years to see again. It is estimated that for the current human beings on Earth, there are few even people who can see it, so the transit of Venus is a celestial phenomenon that can only be seen once in a lifetime.

III. Analysis of the laws of motion of the planets in the solar system

An apple fell on Newton's head, triggering his interest in the source of gravity of the Earth. Years later, combined with Kepler's third law, Newton creatively proposed the law of gravity, which has become one of the laws explaining the motion of celestial bodies for centuries. However, this law cannot fully explain all the natural phenomena of celestial motion. For example, it cannot explain the problem of Mercury's precession, that is, the problem of Mercury's orbit tightening at perihelion, although general relativity can accurately calculate its tightening at 43.0 per century.

However, according to general relativity, the greater the mass, the greater the gravitational force, and the principle of mutual attraction, why are there so many asteroids in the Kuiper Belt at the edge of the solar system that do not attract each other to form giant super planets? Also why is there no space distortion at the upper and lower poles of the Sun, why do the planets all orbit in one ecliptic plane, why are there retrograde small satellites, why there are inverted planets, why does the Earth have only one satellite of the Moon around the Earth, and why is the Moon planet-like in size. Why are there so many small celestial bodies in the asteroid belt, why does Jupiter have many moons, and why does Saturn have a halo. Why are there twin stars in the distance, why is Uranus orbiting while lying down, all of these can't be fully explained with relativity, so relativity still has flaws.

Everyone knows that there are meteorites, but there are craters on the moon but no meteorites. Why? And what everyone doesn't know is that there are only craters on Mercury, but no meteorites. Why are passive stars with craters but no meteorites? Could it be said that the crater is not caused by a meteorite impact, or is it really a crater? The pit is pushed up forcefully from its inside?

The earth has gravity, if the earth's atmosphere is removed, whether the gravity still exists, whether the gravity increases when the gas increases , whether the gravity changes if the gas is increased to the same level as the atmosphere of Venus, so these are some favorable arguments.

We say that the speed of the sun's light is 300,000 kilometers per second . Does a star that is dozens of times larger than the sun also emit light of which speed is 300,000 kilometers per second? This is a joke. Does the sun still emit light when it shrinks to the earth? It's just a bunch of nonsense.

It is said that the sun has gravitational force. In fact, gravitational force is sunlight. Sunlight is photons. They are not connected in space and do not generate heat. Therefore, the space is dark and cold. The place where the photons appear is the solar system; we all know that the moon revolves around the earth, and if the earth does not rotate one day, the moon will be a headless fly. I don't know the future. The earth revolves around the sun by means of the sun's light and heat, and the moon revolves around the earth by means of the earth's gas, so the earth rotates while the moon just flies directly; no one is talking about why Venus is so gravitational? Because it doesn't make sense according to Newtonian gravity, no one says how much gravity it has.

Its atmospheric pressure is dozens of times greater than that of the earth, but the masses of the two spheres are almost the same.

Truth is relative, there is only the truth that is constantly verified, and there is no absolute truth. More and more scientific experiments have proved that the Earth's gravity has nothing to do with the Earth's core, because the Earth's core is mainly composed of stone, sand, water, soil, magma, etc., the earth will be combined under the action of oxidation gas to become a variety of ores, and earth magma can melt all metals through high temperature, and the Earth and the moon, Mars, Venus and other solid planets have similar composition, but the gravity on other planets, some are very small, some are very large. And Earth's gravity is relatively larger than that of Mars, the difference is that the Earth has an atmosphere several kilometers thick,

Except Venus, the atmosphere on other terrestrial planets in the solar system are thin or they are in a vacuum. In addition, according to the Madeleine hemisphere experiment, it is found that the more air pumped in the hemisphere, the tighter the hemisphere attracts each other, which proves that the atmospheric pressure is very strong. From this, we can conclude that the gravitational force comes from the pressure of the air, and it is the pressure of the air that produces the phenomenon of gravity, and the hemispheres attract each other independently of their internal gravity. This means that the gravitational force is given by the external pressure. The mercury column is 76 cm high; why does nobody ever think about where the

260

0 cm high mercury column is. Air has pressure. Air pressure comes from the sun's thermal energy and the cold air contraction in space. That is the principle of cold contraction and thermal expansion. Solar light brings thermal expansion of planetary air, and the cold in space makes the air produce contraction force, which makes planetary matter spread in the form of gas to collide and squeeze. The cooling forms the reaction force after thermal expansion, which is the cold contraction force, is the strong air pressure. Contraction of cold air is the main source of pressure. Hot gas expansion is the gravitational thrust. The two together push everything on the earth to form a centripetal force, that is, gravity and force of attraction. Planetary atmospheric pressure is also related to the distance from the Sun. Mercury, which is closest to the Sun, has little atmosphere because the solar wind blows away Mercury's gas, therefore the gravity is very small. Venus has more atmosphere than the Earth, so the atmospheric pressure of Venus is higher than the Earth, while the Moon has less air than the Earth, because its air pressure is only one-sixth of the Earth. This also results in the moon's gravity being only one-sixth of the earth's gravity. In addition, Mercury, Venus, Mars, and Earth are closer to the Sun than Jupiter, Saturn, Uranus, and Neptune, therefore, under the suppression of the contraction force, the air pressure will be greater, causing the internal matter to continue to squeeze to form rocky solid planets, while the Jupiter-like planets are far away from the solar wind and their atmosphere is less affected by the solar wind, so they are in a

gaseous state and ice state. Based on the phenomenon of the earth's gravity generated by air pressure, we found that the planetary motion of the solar system exhibits the following laws of motion:

I.Mercury passive type

Mercury is known to be one of the planets closest to the sun. Because of this, on its surface, the atmosphere evaporates rapidly, on one hand it is because of solar radiant heat, on the other hand, it is because the strong solar wind blows away the atmosphere.

Because Mercury does not have much atmosphere, the air is thin and a large atmospheric pressure can't be produced, the atmosphere can't drive Mercury rotate rapidly, its rotation speed is relatively slow. In addition, Mercury is currently the only known celestial body in the solar system whose revolution period to rotation period is not 1:1. Like the moon, this is also a unique astronomical phenomenon of Mercury's precession. Astronomers have confirmed that Mercury's precession is loss celestial movement. The main reason for the movement is that it is close to the sun, so that when Mercury turns to perihelion, it is fanned by the greater solar wind, which brings a certain direction and route change, thus forming this "redundant" celestial movement phenomenon. In short, the movement of Mercury is caused by solar fans. Mercury is also affected by the pressure of cold air. Mercury is attracted by the sun, not because of the sun's gravitational force, but because the cold pressure of the air in space is pressing Mercury's thin atmosphere to follow the sun. As Mercury is far away from the sun, the cold pressure increases, forcing Mercury's thin atmosphere closer to the Sun. When Mercury is close to the Sun, the solar wind fans Mercury away from the Sun. This is how Mercury wanders in two forces.

Second, the type of motion pressed by the earth's atmospheric pressure

Earth's rotation is not driven by its own geocentric gravity or solar attraction force, the sun itself does not have solar attraction force, gravity, which is also commonly referred to as attraction force, is the result of air expansion forces and air cooling forces formed by solar thermal radiation on Earth's matter, this expansion force forms the opposite force at night, which is the air pressure, that is, air cold contraction force. It is the cold contraction force of the air that prevents the atmosphere high in space from escaping from the earth high in space. The earth's atmosphere will flow due to the uneven effect of the earth's heat energy received by the sun due to the earth's revolution. The earth rotates randomly before there is an atmosphere, or it may be a satellite of the sun. After obtaining an atmosphere, it begins to move in an orderly manner from west to east, and water is slowly produced and increased over the long century. The earth rotates counterclockwise from west to east and revolves around the sun, so that the subsolar point on the earth moves westward on the surface of the earth, which makes the highest temperature of the earth move westward.

According to the principle that high temperature has a low pressure while low temperature has a high pressure, air naturally flows from west to east at night, which is also the source of darkness before dawn. At the same time, driven by Atmospheric pressure, the Earth forms a rotation pattern from west to east. That is, in the morning when the atmospheric pressure is highest it pushes the Earth outward, which is the formation of a circular orbit. The earth revolves around the sun because the earth is moved by the force of the night air contraction. The Earth is squeezed towards the Sun, rushes towards the Sun and falls. The arc of the earth's orbit is the result of the combination of the thermal expansion of the air in the morning and the contraction of the air at night pushing the earth outward. The earth rushes to the sun because the cold pressure of the air at night pushes the earth to the sun. The earth's orbit is driven by the combined force of these two forces. One is that the thermal expansion force in the morning pushes the earth outward, and the other is that the contraction force in the evening presses the earth inward. The combined force of the two forces makes the earth go into a circular orbit and produce a circle of rotation.

The Earth's atmosphere absorbs 20% of the solar energy brought by solar radiation, for which the atmosphere is driven up by thermal energy, forming a wind, the concept of this wind is the wind of synchronous movement of the atmosphere and the Earth, rather than the kind of wind that can be perceived, when the air is pressed by the cold contraction force on top of the Earth, the atmosphere is rotating together with the Earth. After measurement, when the actual perceived wind speed is zero, the velocity of the atmosphere moving adjectively from west to east at this time is equal to the linear velocity of 465 m/s at the equator, which is the geosynchronous wind, synchronous wind is the result of the cold pressure generated. If the atmosphere moves with the Earth's rotation, then such a high linear velocity must make the east wind greater than the west wind, but in fact it is the exact opposite, which is sufficient to show that the west-to-east atmospheric advection movement on Earth is the real driving force of the Earth's rotation.

Three, Venus Hybrid

Venus is located between Mercury and the Earth, so the movement of its celestial bodies combines the characteristics of the earth's rotation and Mercury's passive motion, showing the phenomenon of inverted rotation. The reason for the reversal is that Venus is relatively close to the sun and is exposed to solar radiation, resulting in huge heat evaporation. Venus has an atmosphere containing a large amount of gold during its surface period. Although Venus's atmospheric pressure is very high, it interacts with the sun. Its resistance to the solar wind is small. Due to the orderly nature of the solar wind direction, the friction of Venus's atmospheric pressure causes it to exhibit an inverted rotation from east to west.

Therefore, the theory of planetary movement based on atmospheric pressure can reasonably explain astronomical phenomena. The sun brings heat, the heat produces air expansion, and the contraction force of cold air accumulates to form air pressure. The new air pressure squeezes the old air pressure to produce high air pressure. This air pressure is gravity. That is, the cold contraction force can reasonably explain why the American flag blew when the United States landed on the moon. This is the wind brought by the earth's atmosphere fanning the moon forward, and the dust on the moon is also caused by the earth's material being blown away by atmospheric wind. The moon's rocky exposure is also a wind-blown phenomenon. For this reason, it can be shown that atmospheric pressure has nothing to do with gravity. Atmospheric pressure is related to the amount of air. Atmospheric pressure is a variable, not a universal source of gravity, so the theory of universal gravity is wrong.

IV. The future of the Solar System

The upper and lower parts of the solar system are thin, and the disc exists because there is no light from the upper and lower parts of the sun, and the equator shines far away. With the continuous advancement of human technology, we now know that the earth is a planet in the solar system, and the earth can nurture life, for which there are many factors, such as air, water, temperature, and sunlight.

These are all necessary conditions for the existence of life, and there are many other factors for the existence of life on the earth, such as the atmosphere, suitable temperature. There is still enough water. The reason why the earth can have life is because the earth's position in the solar system is very good. With the continuous development of science and technology, mankind now knows that the sun has a lifespan!

Our sun has been burning for 5 billion years, and according to scientists' calculations, the sun's life span is still about 5 billion years left, in the 4.5 billion years between the formation of the sun and today, the sun's brightness has increased to 30 percent, in about 1.9 billion years, the sun's luminosity will increase to 2.2 times of its current level, which for the earth, is definitely the end of the world, at that time, the Earth's temperature will be about 60 degrees higher than usual, if this is really the case, the Earth's water will evaporate, leaving a barren earth, the Earth will have nothing, at that time, Mars may instead be a more suitable planet for human habitation.

About 3 to 4 billion years later, the solar system will face a new challenge, a more terrifying challenge. The Andromeda galaxy, which is 2.5 million light-years away from the Milky Way, may have a cosmic car accident with the Milky Way during this period. Scientists do not know how it will be caused, and although the distance between stars is relatively large, most of the universe is empty space, but the existence of universal gravitation allows many celestial bodies to move regularly, and the life of the sun will end. When the sun's life is about to end, the sun will become a red giant star, and at the same time as the sun becomes a red giant star, its volume will expand infinitely! The sun becomes a red giant star, and its volume may swallow the orbits of Mercury, Venus, and the earth, so that our earth will be swallowed by the sun, and after the energy of the red giant star is released, the sun will become a white dwarf star. Stars of small mass will become white dwarfs when they die, stars of medium mass will become neutron stars when they die, and super-mass stars will become black holes when they die. The mass of our sun is not very large, so it will become a white dwarf after death. A white dwarf! But there is no sun in the solar system. All stars may wander, why is this? The solar system was formed because of the appearance of the sun! In the beginning, the sun was full of asteroids and other celestial bodies. After the sun was formed, the sun's huge gravitational force and the action of the solar wind blew the extra asteroids in the solar system to the edge of the solar system, and the mass of the sun was very large. , So it can attract the 8 planets together, so now the 8 planets in the solar system are constantly revolving around the sun. The asteroids are all blown away. The reason why the atmosphere on the earth is not blown away by the solar wind is because the earth has a strong magnetic field, which can protect the earth's atmosphere very effectively!

The sun can burn for 5 billion years because of the nuclear fusion reaction inside the sun, so it can keep burning. The energy of nuclear fusion is very large, and humans are still constantly studying

controllable nuclear fusion. If the sun does not have nuclear fusion ,
there is no energy inside the sun to release to the outside, unable to
resist the strong gravitational force, the sun begins to collapse inward,
under the condition of reaction force, the outer shell of the sun will
expand to a diameter of almost 200 million kilometers, so if humans
want to survive forever, we must leave the solar system. At that time,
we must emigrate, although emigration is basically impossible for
humans now! Because the speed of human beings has not been able
to leave the solar system, let alone live on other planets. Scientists
believe that there are many planets suitable for human habitation, but
these planets are still somewhat different from the earth. If humans
want to live on other planets, it is necessary to modify these planets.
Therefore, the current technology of mankind cannot reach this level.
It may take hundreds or thousands of years for mankind to realize such
a dream. I hope that by that time, science and technology will be very
advanced, and that human beings will be able to fly out of the solar
system and survive on other planets. I look forward to that day!

Chapter 3: Causes of Earth's Motion

I. The origin and formation of the Earth's gravitational force

You may not believe in the theory of pressure, but under the action of thermal expansion and contraction of air, there is a pressure difference between the two sides of the earth. It is this pressure difference that moves the earth. This is the explanation of the origin of the earth's motion; Newton's theory of gravity is like what a blind person says when touching an elephant. Venus cannot be used, Mars cannot be used, gravity can't be calculated out from a single celestial body of the universe, because without the second celestial body, there is no distance, and without distance, gravity cannot be regarded as gravity. Gravity is the squeezing force produced by the squeezing of air. The squeezing force of air is the expansion force given by heat. A matter without air has no squeezing force and no gravitation. The amount of air determines the size of the gravitational force. Gravity has nothing to do with the second body of mass, let alone distance. On the earth, why is the gravity of the ground higher than above, it is determined by the solar photon. Sun photons and photons do not meet and do not intersect in space, so light has no heat in space. When the light reaches the ground, the photon meets to produce a photoelectric effect to generate heat. The heat expands the air, and the expanded air produces squeezing force, which is pressure. As the squeezing force decreases at high altitude, the pressure decreases.

Another strong evidence that the theory of gravity is wrong is that the gravitational force of a comet cannot be calculated by using the gravitational equation, because the distance of a comet cannot be calculated without the two. The gravity is inversely proportional to the square of the distance between two in the gravitational equation. To calculate the gravitational force of a comet, which celestial body should be considered to calculate the distance, there is no way to calculate the gravitational force of a comet without the square of the distance. Without the two, it is impossible, so the theory of gravity is wrong. Why is the moon close to the earth? Is the gravity of the earth elastic? No, it is because the motion of the moon is related to the atmosphere of the earth., the larger the atmosphere, the farther away, and the smaller the atmosphere, the closer.

The extinction of the dinosaurs is the Earth by the impact of the stars, resulting in the Earth's orbit dislocation, the weather became cold, the dinosaurs were frozen to extinction, the Earth moved in one direction before the extinction of the dinosaurs

II. A New Explanation of the Origin of Earth's orbital Force ——The Theory of Thermal Expansion and Cold Contraction of air.

The air expands when the earth is exposed to sunlight at around 7 o'clock in the morning, and the pressure of the expanded air decreases. At this time, the place at about 4 o'clock to the west is the night. The cold night makes the air contraction pressure larger, so that there will be a gap between the two places. The pressure difference will squeeze and drive the earth's bulging part to move eastward, and the formation of the earth's eastward movement will appear.

Why does the Earth move from west to east? Because the west is dark, the night air pressure is greater than the air pressure during the day, the mechanism of air flow pressure pressures the movement of the earth. The sun shines on the air from 6 to 8 in the morning, and the air expands. The air is at the coldest time from 3 to 5 in the morning and the pressure is the highest, so that the air pressure will press the air on the sphere to move eastward. This is the reason why the earth's power is also the reason for the darkness before dawn.

The earth has gravitation; does gravitation still exist if the atmosphere is removed? There won't be, because it is air that creates pressure and pressure creates gravitation. It is said that the gravity of the earth is related to its mass. If the air volume is doubled, the mass of the earth remains unchanged, will the gravity still be the same? No, as the air increases, the pressure increases, and as is on Venus. The earth has gravity. If the earth is cut in the middle, will gravity still exist? What will the center of gravity be like? The center of gravity will be inside each half.

The I Ching says, " As Heaven's movement is ever vigorous, so must a gentleman ceaselessly strive along. ", in which "As Heaven's movement is ever vigorous" refers to the fact that the celestial bodies seem to be running tirelessly. The Earth, for example, revolves around the sun for 365 days, there will be spring, summer, autumn and winter, 24 hours a day, there will be the sun's east rise and west set, night and day.

There is no fully convincing scientific conclusion in the field of modern astronomy about the source of power of the Earth's rotation. What needs to be explained here is that "the Earth is spinning" is an objective phenomenon, not the same as "the Earth spins itself", and whether it is driven by the Earth's internal forces or external forces, or both, is what astronomers need to study clearly. This is what astronomers need to find out. There is a difference in air pressure on Earth between 7:00 a.m. in the morning and 4:00 a.m. in the west in the morning, and the distance between the two places is 10,000 miles, between the two places, the Earth's surface is higher than the height between the two places and is squeezed by the difference in air pressure to move eastward.

As for the source of the earth's rotation force, astronomers have proposed many theories, among which the following three are influential. The first is the theory of conservation of angular momentum under the guidance of the theory of "Kepler's Law", which points out that the original nebula at the birth of the solar system had angular momentum. After the formation of the sun and the planets, the angular momentum is not lost, but it will be redistributed. Each planet gets a certain amount of angular momentum from the original nebula during the formation process, thus each star moves. The second theory is the solar gravitational traction theory proposed by Newton under the concept of universal gravitation. The greater the mass, the greater the gravitational force. The earth revolves around the Sun under the driving of its huge gravitational force, and then the revolution drives its rotation. The third theory is the theory of gravitational forces, which include dark energy and solar gravitational force, among others. That is the theory of relativity. Dark energy accounts for 69% of the mass of the universe, and all celestial bodies in the universe are affected by it and are in motion.

Now, according to research on astronomical phenomena, it is found that there are no galaxies after the big explosion of the universe. Everything is in a state of chaos. The predecessor of all stars is a cloud of dust. Then it cools down slowly, changing from a state of disorder to a state of order and law. So what makes the universe into an orderly state? It is what people often call dark energy. So what is dark energy? Dark energy is the well-known law of thermal expansion and cold contraction. Therefore, through the natural law of thermal expansion and cold contraction, we can know the formation and source of universal gravitation, which can also explain the motions of planets. This is the source of universal gravitation of the universe, which drives the rotation of the stars.

As the earth rotates, the earth's motion force comes from the thermal expansion and cold contraction forces of the air generated by the sun's heat. The air is of mass, which will bring pressure to objects. The solar heat shines on the earth. Because the earth exists objectively, one side is facing the Sun and the other side is back to the Sun. Therefore, there is sufficient light from the sun on the side facing the Sun, and the air is absorbing enough heat to expand. As it gets farther and farther from the earth, the pressure becomes smaller. The air temperature on the side back to the sun is relatively lower, and the air is cooled, it clings to the surface of the earth, increasing the pressure, in this way the pressure of the air against the Earth in the two hemispheres during the day and night becomes unbalanced. The night hemisphere with high pressure pushes the earth to move to the position of the day hemisphere with low pressure, which causes the earth to revolve around the Sun. This is the theory of solar gravity.

The Earth is falling toward the Sun, why isn't the Earth falling to the Sun. That is because the sun is also in motion. The Earth and the Sun are in motion at the same time in the universe. When the Earth is close to the Sun, it is blown by the solar wind and cannot get close to the Sun. When the earth is far from the sun when the coldness of space will make the earth to approach the sun. This is the reason why the Earth's orbit is not round. Therefore, the earth does not fall into the sun, but falls towards the Sun; In the universe, most planets with air on their surfaces move according to this law, but Mercury and Venus are exceptions. Therefore, the thermal expansion and cold contraction forces of the air force the planets to fall toward the stars. This is the reason for the revolution of the earth.

All in all, energy is caused by the conversion of potential energy of matter into kinetic energy, because imbalance will transform the potential energy into kinetic energy. This imbalance will appear in the position of objective things. Light is the source of potential energy, and air is the driving force of kinetic energy. The light intensity of the back side of the surface of the earth is different from that of the light-facing surface, which makes the air flow unevenly, which drives the earth to rotate, and the air moves around the surface without drifting to the universe. The reason for this is that the air shrinks into the gravity of the earth. The air cooling on the back of the earth presses on the surface of the earth and pushes the earth down toward the sun. Because the earth and the sun move synchronously, the two maintain a stable forward relationship. The law of relationship with the earth is the basic law of all planets and stars.

Now, put an apple in a balloon filled with air and then place it in the refrigerator, the apple is subjected to an increased pressure. The force of increased pressure on the apple is generated by the coldness, making the air against the apple. Therefore, coldness increases the pressure of the air. The temperature of the air does not change. When the amount of air is increased, the pressure will increase. This is the source of the pressure generated by the sun. Therefore, air pressure is related to temperature. The energy of Coldness can increase pressure. The amount of air can also increase the pressure. When the volume is constant, the more the air is, the more it will squeeze against each other, and the pressure of the atmosphere comes like this. So the pressure is not universal, but variable, so the gravity of the earth is variable, and the universal gravitation is wrong.

III. World Map

Geographic maps reflect human perceptions of the world we live in. The first maps, which appeared thousands of years ago, were primitive and limited in all aspects of their reliability and the size of the areas depicted. Until the Middle Ages, the geography of the European world was still limited to the three continents. And most of these maps were works of art rather than navigational tools. During the medieval period, the unknown lands and seas provided fertile ground for the imagination of mapmakers. However, it was still widely believed that there were dangers in the "unknown seas" and "unknown lands". Thus, under the influence of folklore, fictitious creatures began to appear on maps.

By the late Middle Ages, two branches of geographical cartography began to develop side by side. On the one hand, geographers studied the structure of the world and produced the so-called world maps. These maps had theoretical significance, but lacked any practical application. Nevertheless, they helped shape people's conceptions of the world.

On the other hand, modern nautical charts emerged, which were mainly descriptions of sea navigation and were used by seafarers as a guide to navigation. For example: the Portland charts, which used the compass for naval navigation, and of course, merchants often benefited from them. These maps show inland areas in a very rough way, while coastlines, capes and islands are depicted in great detail.

IV. Atmosphere

At the beginning, there was no atmosphere, but it was produced in the later movement. The crust moved, the stone entered the soil, and the soil was in the process of evolving into stone. Venus was almost the same as the earth, but the atmosphere was very large. They wouldn't run away because the coldness would contract them; when the solar photons met, they would heat up. The solar photons didn't intersect in motion and did not heat up. The hot layer of the atmosphere means that light enters the atmosphere to effect. The atmosphere has the troposphere and stratosphere. The earth's rotation is on this layer. During the movement, the wind, rain, ice and snow in the country are caused by viruses. Earthquakes are also caused by the movement of the earth. The centrifugal force of the earth movement is dislocated. The molten slab inside the earth will collapse and the direction will cause internal vibration. If you put a lid on the pot, there will be water droplets on the lid. This is nothing. If there are too many water droplets, it will rain. When cold water droplets hail, the water droplets after materialization are snow. When the heat rises, the surrounding air pressure is wind.

V. Animal kingdom

There are also a great variety of animal species, both higher and lower animals. One thing is certain, the world has plants first and then animals. Plants are made from organic matter in nature, and animals are made from organic matter in nature and humus from plants. What plants need to grow is sunlight and minerals in soil and water as well as organic matter, and a few lower animals eat minerals and organic matter in soil and water, while most other animals eat plants and their sap, and only a few animals are carnivores. According to the analysis of animal food, it can be inferred that the order of existence of living things on earth is: lower plants → lower animals and higher plants → common animals → higher animals and carnivores → human beings.

In the animal kingdom, there will be fish in the water on the top of the mountain. If you look closely, you will find that there will be early mosquitoes and flies at the outlet of the spring water. See if the toes of monkeys can catch things like our hands, and the food that people eat is the same. Some became blood and some became flesh. Some have become bones and some have become skins. A piece of the body's flesh is cut off and it's dead. It will move when you put it back. People's birth, aging, sickness and death are all related to blood, and blood is doomed to the soul. The lungs are for oxygen supply, and the liver is for hematopoiesis; in this way, our human brain and heart, which is an egg and which is a sperm, are a synthetic body.

Why would a good person get sick, foreign countries are slandering Chinese medicine, when poisonous blood attacks the heart, it is because the liver goes bad, sometimes I think that some leaves are red, some leaves are yellow, all thanks to the light of the sun, if there is no light, they will be as white as air, the land of the Africans is like their skin. Our skin is the color of the soil we see, white people's skin is the color of their land, is also white, the ancestors of humans grew up in the tropics. Humans do not live in cold places, people here migrated from the west, in ancient times we had no plains in the north, the North China Plain is formed by the impact of the Taihang Mountains in the west. There is a river near our house called the Mengliang River,

The two sides of the river are the same level, which means that the river appeared later, the plain appeared first, and the water flowed into a river. In a word, the North China Plain is formed by the impact of the Taihang Mountains, which means that there were no humans before the formation of the plain, so our ancestors came from the west, and our culture and language are so similar to Israel, the skin is also similar, including looks; I have been to Israel, people found in Sanxingdui

are Arabic, we are slandering them, the extinction of the dinosaurs is a natural disaster, after an asteroid hits the earth, the earth's climate change orbit is dislocated. In San Francisco, there is a small flat land between the mountains, it is caused by the earth's orbital dislocation.

The origin of man is heat, man is hairy, in the past people were afraid of snakes. The greatest natural enemy of mankind is the snake. The wolf, the insect, the tiger and the leopard can be seen. Only snakes are difficult to prevent. There are animals in the Bible, and there is no horse in the early scriptures, indicating that the horse is a latecomer. There are pigs in the Bible, indicating that Westerners ate its meat, the earliest humans must be naked, the scriptures said that human beings knew to wear only after eating the fruit of wisdom; Someone previously said that the Indians passed through the Bering Strait. In fact, this view is wrong. They are natives. The earth's equator changed and the crust shifted to produce America. America and Europe and Africa was a continent, The Israelis went west and east. Gansu was the main zone. If the earth changed, the ancestors would go east again. Why is there no west in China? It is because there was no land for human beings in China in ancient times, and the coldness also inhibited the emergence of human beings. Horses were born in Kazakhstan. After humans moved east, they tamed the horses and then returned to the west.. Then a horse appeared in the Bible. There is evidence for this. The first part of the Bible does not say that there are horses. It says that there are camels, donkeys, sheep, and the ancestors of humans mainly ate sheep. They only began to emigrate after they wore sheepskin. Human beings migrated due to the displacement of the earth's equator, some emigrated due to conflicts. They wouldn't emigrate peacefully. The ancestral center of mankind is in Egypt, in Mesopotamia. Human beings are a branch of animals. Mankind appeared as a result of evolution, they were adaptive to the environment.

Mexicans were very short, just like the human being from Sanxingdui, the southerners were just small. Westerners didn't do contraception. Why are there few people? Not only are people taken away by war, but it's also related to food. Chinese people eat pork and look like pigs,

Westerners eat beef and look like cows, but the fertility of cows is low. There is Père David's deer, it indicates that animals are evolving, animals need food, indicating that plants preexisted the emergence of animals, plants need water, indicating that air preexist the emergence of plants, and planets without plants also have gas, indicating that gas has nothing to do with plants, and oxygen is produced by plants, indicating that plants preexist the emergence of oxygen,

There are mountains on the outer planets, which means that mountains can exist without water.

Mountains are formed by centrifugal force. Plants need gas, which means that the gas preexists the emergence of plants, rock comes from soil. The mountain is bulged in the earth's crust. The earth is almost the same as Mars without water. There is gas around the earth, and then there are plants. The earth moved irregularly before there was light because there was no pressure difference. Only when there is light, there is a pressure difference, and there is an order.

Before there was no light, it was chaotic, and there was no day or night. The light is emitted after the sun rotates, indicating that the sun got the driving force after collision. At first, there was no light and no plants. Gas is natural, but it can be blown away. The gas turned up after the sphere, then there were plants, with plants, oxygen emerged, and with oxygen, animals and humans were born. The light of the sun is not natural. The sphere of the sun gathers less into more. Humans didn't have clothes at the beginning, so humans lived in warm places. The ancestors of humans are animals, and the ancestors of animals are plants. Plants create oxygen. Plant growth depends on temperature and heat. The color of plants depends on sunlight; plants grow through light energy, and the surface of the soil can produce salt in autumn, which is invisible in modern times and is also forgotten by people.

The difference between animals and plants is that plants are fixed life forms, while animals are mobile life forms. Plants only have somatic nerves (such as leaf veins, etc.), without brain nerves, and cannot form sensations. Animals have both somatic nerves and brain nerves, which can form feelings and thoughts. The starting point of plant life comes from the root, while the starting point of animal life comes from the head. The growth of animals and plants expands along their nerves, but the expansion of plants is symmetrical, and the expansion of animals is asymmetrical. We will elaborate on this as follows. Due to the differences in molecular (cell) shape, molecular composition, molecular effective interface, molecular vibrational properties, vibrational state (temperature) at the time of molecule formation, organic groups and counterparts, reticular structure, geometrical properties, and temporal effects of forming animals and plants, the way of cell expansion or growth of plants and animals appears differently in the reticular system: When plants start to grow from the embryonic period or the somatic cell development period, most of them are bounded by the ground, expand or grow along the energy transfer channels (nerves) in both upward and downward directions in the reticular system, i.e., one part expands upward on the ground to reach the limit of growth freedom to form stems (stem), leaves, fruits, etc. The other part expands downward with the ground as the boundary, forming the root system of the whole plant. The beginning of plant development is at the point where the roots join the stem (stem). In the process of the molecular vibrations exerted by external energy, the plant life process exhibits a symmetrical growth pattern. That is, they expand upward and downward without much difference in the expansion speed at the two ends of the starting point of life, and both ends expand simultaneously, or the roots precede the leaves, which is the main characteristic of fixed life forms. In contrast, the animal as a mobile life form is very different from the plant in that it has an asymmetrical expansion pattern. When it develops from the embryo, it starts its development at the point where the cerebral nerve joins the somatic nerve. As development proceeds, the cells at one end of the somatic nerve expand particularly rapidly, expanding quickly to their limits along each degree of freedom and allocating more energy to each degree of freedom of expansion, eventually forming the bones and various organs, etc. in the human body. The cells at the other end of the brain nerve expand very slowly, but the expansion degree of freedom is relatively large, and the energy allocated to each degree of freedom is relatively small, and eventually the brain tissue is formed, and its entire expansion process is asymmetrical. Through the above explanation, why did our ancestors use the concept of "primary" to express the role of the head of animals and the concept of "fundamental" to describe the role of the roots of plants, because this is the beginning of their lives, it can be seen that our ancestors were already familiar with their content. The concept of "root" is used to describe the role of the roots of plants because it is the beginning of their life. In short, plant embryos develop with their roots; animal embryos develop with their heads. This is the main difference between the two. Organic groups and other material components are combined in the process of molecular vibration through the action of molecular forces to form a reticular structural system in all directions of freedom, which is actually the plant strain or the animal body.

In my opinion, there may be two earliest birthplaces of animals, one is in land marshes, shallow ponds, rivers, and lakes; the other may be in humid soils in tropical rainforests. The temperature here is high, the humidity is high, and the composition of various materials is complex. It is equipped with various conditions for life, and it is easy to receive the energy transmitted by the sun, which is convenient for growth. In the past, some people thought that life was born in the sea. I don't agree with this statement. Because the temperature of the sea is much lower than the temperature in the water and soil on the land mentioned above, even if life was produced in the sea, it would be much later than on the land. Because the order of formation of matter is always arranged from high temperature to low temperature, the matter in nature conforms to this rule, and of course living matter is no exception. In short, whether it is plants or animals, their earliest place of generation should be in the soil or shallow water at the junction of land and sea. The reason is that all living things, including animals and plants, live, in addition to the energy provided by the sun, the growth of their body cells or metabolic processes require energy from the food or nutrients. However, the energy (cell vibration energy) that really maintains their cell activities comes from water, soil, and air. The energy for the cell activities of the animals and plants on the land is provided by the energy in the air (such as the air breathing of advanced animals), and the energy for the cell activities of the animals and plants in the ocean is provided by the energy in the seawater (such as fish. Gills breathe sea water). Most of the materials that make up plants are heavier materials that vibrate strongly. The effective interface of these molecules is relatively small, the molecular force is relatively large,

The activity is relatively rapid, and the compounding speed is relatively fast, that is, the growth rate is relatively fast, the network structure formed is relatively simple, and each molecule has a strong vibration direction. The direction is not easy to change. In particular, they are fixed growth, even if the sun continuously moves to impose different directions of energy transfer and energy effects on them, the direction of their molecular vibration will not change easily. In addition, their molecular forces are relatively large, and they are easy to absorb and grow on some objects. This is the main characteristic of plants. But the situation of animals is different. Why do they become mobile life forms? It turns out that most of the substances that make up animals are lighter substances that vibrate slowly. The effective interfaces of these molecules are relatively large, the molecular force is relatively small, the activities are relatively slow, and the compounding speed is relatively slow, that is, the growth rate is relatively slow, the formed network structure is relatively complex, and the vibration direction of each molecule is not obvious, and its direction is easy to change, especially when the sun is constantly moving to impart energy transfer and energy effects in different directions to them, their molecular vibration directions are easily affected by the sun's motion and changes in the direction of energy transfer to change their own vibration directions. In addition, their molecular force is relatively small, which is easy to cause a free state of growth.

Because the direction of the sun is changing, the amount of energy transferred is changing, and other reasons (such as changes in wind and rain, the amount of other material components, environmental temperature, etc.), the vibration properties of each cell differ in the network structure (animal body) expanded by animal cells , so the formed animal body has more organs and more complete functions. This is the main characteristic of animals and the basic principle of animal formation. If you want to go deeper, why do animals move and grow, and why do plants grow fixedly? I can only talk nonsense or guess wildly: Plants were originally born in wet soil, so they grew fixedly; while animals were first born in high-temperature shallow water, and the water was moving, so they had to move to grow.

In addition, animals and plants have one thing in common. They are full of water in their bodies and during their growth. So, what is the role of water? In what form do they exist? Let's talk about our views on this issue. In addition to helping organic groups of plants and animals to complete the synthesis with other material components into basic cells (nuclei), water can also help the cells of animals and plants to be more complete and effective throughout the life process. As a macromolecule, the cells of animals and plants, in addition to organic groups and other material components, also have a part of water as their core part. The space around the edge of the macromolecule is mainly composed of water. They can be a part of the macromolecule and be adsorbed on the macromolecule and become its body; part of the water may not be adsorbed and free among cells, as a part of the living body. The water that becomes the body of macromolecules is the foundation of life. The fundamental reason for the existence of life on the earth is that there are a large number of subsequent light substances on the surface of the earth in the later stage of the cooling process. In addition to water, there are also a large number of non-metallic substances and a small amount of metal substances, so life substances (Molecule) contain a large amount of hydrogen and oxygen substances, which cannot be more natural. In addition to its lubricating effect, the water that exists between the cells of animals and plants also plays a key role in ensuring effective vibration and energy transfer between cells. The cells in the animal and plant bodies are filled with water, and when the energy vibration is transferred, it can be stable, durable and effective. Without the presence of this water, the energy vibration will decay quickly when it is transmitted, and it will not reach the peripheral part of the body. In addition, the energy consumed by cell vibration transmission is very large. If there is no timely supplement of external energy, the life process is difficult to proceed. Therefore, the role of water between cells is very important. At this point, let's talk about the differences between species. There are great differences between the various species of animals and plants in the world, and the existence of this difference makes the world more colorful and beautiful. For example, some plants have white flowers, some plants have red flowers, and some plants do not bloom; some plants bear sweet fruits, some plants bear sour fruits, and some plants do not bear fruit; some can grow into towering trees. Some can only grow into weak grass; some can be used as medicine to treat diseases and save people, and some can be used as medicine to kill people; some can become human food and vegetables, and some can only become building materials and daily necessities. Some animals can spread their wings and fly high in the air, while others can only run on land; some animals can swim in water, and some can only crawl on land;

Some animals can use the venom in their bodies to attack enemies or defend themselves, and some animals use color changes, smoke screens, or odors for protection. Some chirping together like avian chanting, some mooing like a beast concerto; there are white skin, blue eyes, high nose, deep eye sockets, yellow hair of Europeans, there are black skin, black eyes, collapsed nose, bulging eye sockets, curly hair of Africans. All these kinds of people make up the big world. What is the reason for all this? What is the reason for it? Is it that you can grow a wing if you want to? Can you grow a few legs when you want to? Can you change color if you want to? Can you be black or white just because you want to? Is it the result of subjective selectivity or objective environmental conditions? These questions have puzzled the hearts of many people in the past and present.

In addition, since animals and plants are products of matter in a vibrational process, they necessarily carry characteristics that are incidental to their vibrational properties, such as directionality and symmetry. In the case of animals, for example, since the molecular vibrations of matter are directional, the physiological structure of animal generation also determines that its actions are also directional. In nature, the vast majority of animals can only move backwards and forwards when they walk; there are few animals that move sideways, and almost no animals move easily in all directions. Since the vibration of material molecules is reciprocally oscillating, the physiological structure of plants and animals during growth and reproduction is also symmetrical. For example, during the growth of a plant, a branch grows on the left, a branch on the right, a leaf on the left, and a leaf on the right; during the reproduction of an animal, the distribution of limbs and five senses also has symmetry.

VI. Mountains

When the mountains are low, then the ranges are high; when the ranges are in sheets, the mountains are mixed with soil; the rocks are round. Mountains are formed mainly by the action of internal forces. When the local surface rock layer is subjected to forces from the inside of the earth, folds and faults will occur, causing some places to uplift and form mountains.

Mountain ranges can be divided into the following four types according to the way they are formed. Folded mountains are two plates pushing each other, and the crust will bend and deform to form mountains. A volcano is a mountain of magma that erupts from a magma chamber deep in the earth to form a volcano. The ejected lava, volcanic ash and rock masses form a tall volcanic cone. A fault mountain is a mountain where the Earth's plates collide with each other, causing a fault or fracture in the Earth's crust and a huge rock mass to rise. Crowned mountains are formed when the magma under the earth's crust rises upward, causing the rocks on the earth's surface to bulge upward. A mountain range is a body of hills and valleys extending in a certain direction, and is called a mountain range because it resembles a vein. They are mainly distinguished from mountains by their distinctive folding due to the internal camp forces in the movement of the earth's crust, while mountains are not distinctively folded under the action of certain forces. There are four types of mountains: folded mountains, fault-block mountains, volcanic mountains, and coronal mountains. Folded mountains are formed when two continental plates collide with each other and the edges of the plates are folded under pressure, such as the Himalayas and the Alps.

The formation of a mountain range is a movement of the earth's crust. After the mountains are formed, the mountains are connected by a substance. Mountains are alive. Together, they are actually a kind of material existence. With the existence of the mountain as a medium, it can withstand the attack of wind and sand. The cold wind can be blocked, it can form a natural barrier to protect humans. Therefore, mountain range is not only a term, it is actually a product of nature and an integral part among the lives in the natural world.

VII. Ocean

After the earth was formed, it cooled down quickly, and when the surface temperature dropped to a level suitable for the existence of liquid water, the water vapor that had evaporated from the magma over time soon turned into rainfall that converged in the lowlands of the earth's surface. However, the oceans at that time were completely different from now, they were probably very acidic and filled with a mixture of rotten egg smell and sulfur smell. This is because, according to the composition of volcanic gases studied now, volcanic eruptions contain large amounts of carbon dioxide, hydrogen sulfide, sulfur dioxide, hydrogen chloride, hydrogen fluoride, and other gases [6], and it is likely that the volcanic magma at that time also contained these gases, only perhaps the gas content was less consistent. The earth at that time may be completely apocalyptic, with volcanic eruptions, overflowing magma, gray-black volcanic ash in the sky, and strong acid rain with mixed droplets of hydrochloric acid, hydrofluoric acid, and sulfurous acid.

The oldest substance on earth that scientists can find is zircons 4.4 billion years ago. The analysis of zircons shows that these zircons were formed in mixed magma that reacted with liquid water, suggesting that liquid water might have emerged 4.4 billion years ago and that primitive oceans might have emerged shortly thereafter.

In fact, the ocean has already appeared long ago, it's just a sequence. Only when there is water, there will be life. Everyone knows that where there is water there is life. It means that we humans are inseparable from the water. There can be no life without water. Then the earth was all water from the beginning. Only with the movement and displacement of the earth, the temperature rose. Changes have taken place under the sea floor, which led to the eruption of submarine volcanoes and the formation of land. Only after the land are there plants and phenomena of various species.

So what is the bottom of the sea really like? What kind of creatures live? In fact, in most cases, there are not so many strange creatures on the deep seafloor, and the deeper the sea floor, the fewer the creatures. Only in special areas such as hydrothermal areas and oil-producing areas are there richer biomes. In fact, when we see the mountains on our land, since the mountains are formed by the volcanic eruptions under the ocean, it means that there are mountain ridges under the ocean. Now we all know that there are volcanoes under the sea and many of them are active, there are trenches, hydrothermal areas, and of course the majority is the sediment.

Why are there so many lakes in the world, some are freshwater lakes, while some are saltwater lakes? Generally speaking, freshwater lakes are mostly distributed in the outflow area of rivers (rivers eventually enter the sea), and the lakes distributed in the eastern monsoon area of China are mostly freshwater lakes, such as Dongting Lake, Poyang Lake, Taihu Lake, etc.; while saltwater lakes are mostly distributed in the inflow area (rivers eventually do not inject into the sea), and there are a lot of saltwater lakes distributed in the arid and semi-arid areas of northwest China and Qinghai-Tibet alpine areas, such as Qinghai Lake, Namucuo, etc.

There are two main aspects of the formation of saltwater lakes, on the one hand it is the lake of sea track. A lake of sea track refers to a lake that was originally part of the ocean and eventually separated from the ocean due to crustal movement, plate movement, or sedimentation. Lake, also known as Lake formed by sea. Since a lake of sea track is originally a part of the ocean, the water in the lake is also salt water. For example, the Caspian Sea, the largest saltwater lake in the world, is a Lake of sea track.

Secondly, saltwater lakes are mostly distributed in arid and semi-arid climate regions. The evaporation of lake water often exceeds the water supply of the lake. As the lake water continues to be concentrated, the salt content will continue to increase. The Caspian Sea we mentioned above is located in the interior of Central Asia. In arid areas, there is less precipitation and more evaporation. Although saltwater lakes cannot be drunk directly, the saltwater in the lake contains a lot of salt, including salt, alkali, Glauber's salt, boric acid, etc., which can be used as chemical raw materials.

The source of hail is that the local hot air rises and meets the cold air above to produce small water droplets. Because the above is cold, the small water droplets are squeezed by gravity. During the falling process, they will encounter new hot air and the new hot air will rise and push up again. The ice drop moves upwards and moves back and forth until the weight of the ice drop is greater than the rising force of the heat. In this way, the ice falling to the ground is hail.

VIII. Rivers and Lakes

The causes of lakes are as follows: breaks and depressions occur on the surface of high mountains, plateaus, hills and plains, and the depressions gradually store water to form lakes; after volcanic eruptions, huge craters are left in the volcano, and the craters gradually store water. Lakes are relatively wide waters formed by the accumulation of water in depressions on the land surface. Modern geological definition: a body of water formed by accumulation of water in depressions on land, with relatively wide waters and slow commutation.

Before talking about this, we need to know where the water comes from. The temperature will drop by 6 degrees every time the altitude rises by 1000m. Snow accumulates on high mountains all the year round, and where the altitude drops some more, the snow will melt as the temperature changes throughout the year, the water flows lower, it forms the origin of the river, and the flowing water converges and becomes a river, lake, or finally flows into the ocean. In these places, and in the process of these gatherings, water will evaporate into water vapor, and then rise into the sky. When encountering tiny particles and dust in the high-altitude air, the water vapor will adhere to these particles to form small water droplets. This becomes a cloud. When there is too much water vapor attached to the particles, the weight of the water droplets that these particles can carry exceeds the limit, so it becomes rain. In such a reciprocating cycle, the atmosphere-ocean cycle will never stop, and evaporation is much faster. In other words, the area of the ocean occupies 79% of the earth's surface area.

Under the geological action of crustal tectonic movement, glacial action, river erosion and siltation, many depressions are formed on the surface, and lakes are formed by accumulation of water. Reservoirs are formed by the accumulation of water in the recessed area of the open-pit mining site and the damming of the river also belong to the category of lakes, which are called artificial lakes. Lakes are different from rivers because of their unusually slow commutation, and they are different from the sea because they do not have direct contact with the ocean. Under the influence of the natural geographical conditions of the watershed, the lake basin, lake water and water substances interact with and restrict each other, causing the lake to evolve continuously.

Causes of lake formation: Depressions occur in the surface of high mountains, plateaus, hills and plains. The depressions gradually store water and form lakes, such as Qinghai Lake, Poyang Lake, Dongting Lake, and Dianchi Lake.

Crater Lake: After a volcanic eruption, a huge crater will be left in the part of the volcano. The crater gradually stores water to form a lake, such as the Changbai Mountain Pool.

River-formed lakes: Some rivers located in the plain area are subject to river migration and swing, river siltation, etc., and lakes will be formed on the river. Such lakes will be affected by river water injection, and the lake will expand during the high-water period, and the low-water period will shrink; When the water volume is more balanced, the state of the river-formed lake is more stable, but when the water volume changes greatly, the change of the state of the river-formed lake also increases significantly. Most of the lakes along the Yangtze River in Hubei are of this type.

Oxbow lake: Rivers in the plain area will be more and more curved due to the erosion and erosion of the water flow on the river course, which will eventually cause the river to bend and straighten naturally, and the original curved river course will be abandoned, forming the so-called oxbow lake. For example, Wuliangsuhai in Inner Mongolia is a famous oxbow lake.

Dammed lake: A dammed lake is a lake formed by storing water due to geological changes, such as volcanic lava flow, seismic activity, etc., which caused landslides, which caused blockage of river valleys or river beds. If it is a barrier lake formed by the blockage of volcanic lava, it is called a lava barrier lake. For example, Jingbo Lake is a typical barrier lake.

Glacial lake: Glacial lakes are mostly distributed in high mountains where there are glaciers. When the glaciers melt, they will become lakes because of the pits formed by glacial excavation, and the water blocked by melting icebergs is stored, and glacial lakes in Taiwan are mostly distributed in high altitude areas, such as the Snowy Mountain Range.

Artificial lake reservoirs: human beings build dams in river valleys for irrigation and drinking, intercepting the water in the river to form lakes, reservoirs can store water reservoirs to collect more water resources, such as Zhejiang's Qiandao Lake, etc.

When atmospheric precipitation falls on the ground, it first forms a sheet stream, and then it gathers in low-lying areas. More and more trickles gather together to form the embryonic form of a river.

There is also the formation of glacial meltwater or groundwater flowing out of the ground. Sedimentation and erosion are a common effect in the formation of rivers. To be precise, it is vertical erosion and lateral erosion. The river will erode downwards, which will cause the river bed to deepen. At the same time, there is lateral erosion and the river bed becomes wider. The two interact with each other, and the relative intensity of their effects varies in different regions. In the upstream, the downward effect is dominant, and in the downstream, the lateral effect is dominant.

In the case of river terraces, it is believed that they are caused by the uplifting of the crust in the upper reaches of the river, which leads to a larger difference between the upper and lower reaches. The erosion of the river increases and the river is cut down to form a terrace. Therefore, the crust of the upper reaches of the river needs to be continuously uplifted. First, the lateral erosion of the water flow widens the river channel and slows down the flow rate. The sediment carried by the river is deposited on the riverbed, and a layer of sediment is accumulated on the bottom of the water. Later, due to factors such as climate change, crustal uplift or decline in the erosion datum, the downward erosion force of the flow increases dramatically, and this layer of sediment is cut by the flow to form a terrace slope. The water continues to erode downward, and the deposits on both sides are completely exposed to the surface of the water, higher than the flood level, forming terraced ground. Then the river continues to repeat the processes of lateral erosion, accumulation, and undercut erosion, forming the next terrace. Secondly, the uplift of the earth's crust makes the river elevation in this area suddenly rise. When the erosion base level remains unchanged, the erosion force of the water flow will increase sharply, leading to the exposure of terraces and the formation of terrace slopes. Later, the crust was uplifted intermittently, and the river continued to erode and accumulate, resulting in multi-level terraces. (Multi-stage terraces are the first level of terraces with the latest exposed water surface, i.e., the first level of terraces on the flood level, increasing from bottom to top. Generally speaking, the uppermost terrace is the oldest.)

I think the root cause lies in the direct movement of the subsolar point of radiation, forming a temperature difference, the water molecules in the atmosphere, and the circulation of water. Due to the movement of the atmosphere, the water in the ocean is continuously moved to land.

IX. Forest

On earth, the history of forests is far longer than that of human beings. So far, through human discoveries and speculations of various theories, it is believed that plants appeared on the earth about 600 million years ago. The development of plants is from simple to complex, metabolism, and gradual prosperity, forming a diverse and varied plant kingdom. Nowadays, about 500,000 species of plants are known to have dense forests on the earth 300 million years ago, whose main part were woody ferns. Now the trees that make up the forest are mainly seed plants. The earliest human ancestors are only seven million years old.

The forest is a whole organically combined by numerous organisms and various non-living factors, which is alive and has various laws of growth, development, aging and death. The complete process of natural forest formation is divided into dry succession and aquatic succession, based on the presence or absence of water on the native substrate.

What we see now is the result of countless forest successions. After the first forest appeared, a different seed appeared after continuous reproduction, mutation and evolution. After it grew up, it would go through natural selection. Can it compete with the previous trees for nutrients on the land, and break through the obstacles of other trees in the sky to obtain sunlight? If it succeeds, it means that it is better, and will slowly expand its population, and slowly occupy this place. A piece of land has become the dominant tree species in this piece of land, and the tree species that occupied this piece of land before being forced to die is part of the succession. The trees in the forest are mainly like this. This process is constantly going on, and the mountains in front of us are such forests after thousands of years. Of course there will be accidents, lightning strikes, fires, earthquakes, and human activities will all affect the results. The examples cited are trees that compete for sunlight, those shade-tolerant shrubs, and ground cover plants also compete. They may compete for nutrients or water. Forest succession is going on everywhere and all the time, but its time is too long, we always ignore it, and our research is too late.

X. Grassland

Grasslands are formed when thin soil layers or low precipitation prevent woody plants from growing extensively. Grasslands originate from the dry and cold period of the global climate (appearing in the Cenozoic), similar to the mang plains, deserts, and shrublands where they often enter. In fact, the Gramineae itself (Poaceae and Gramineae) only evolved in the early Cenozoic. The date when the grassland first appeared varies from place to place. In many areas, a series of vegetation types can be found in the fossils of the Cenozoic, and the climate at that time was gradually changing. For example, in the past 50 million years, the tropical rainforests of central Australia have been successively replaced by mang plains, grasslands, and finally deserts. In some places, the expansion of the grassland to a near modern scale only occurred during the extremely dry and cold period 2 million years ago, which is called the "glacial period" in the northern temperate zone. There is usually a dynamic balance between grassland and related vegetation types. Sometimes, periods of drought, fire or intensive grazing favor grassland formation, other times, the wet season and the absence of significant disturbances favor woody vegetation growth.

So why don't trees grow on the prairie? Forests and grasslands are very common natural landscapes. When you look up, you can see white clouds and blue sky. When you look at it, all you can see are green weeds. The vision that accompanies people seems to be connected to the horizon. So why do grass grow but not trees on the grassland? Can't the grassland become a forest? In fact, grassland is related to the terrain, rainfall, temperature, and human factors.

Water is the source of life, and all things cannot grow without water. Water plays an extremely important role in both plants and organisms. However, in grassland areas, there is a year-round drought. Not only is there a lack of precipitation, but the surface water resources are also very scarce. The growth of trees requires a lot of water. In addition to insufficient water, soil is also a problem. The soil quality of the grassland is different from that of other places. The soil under the grassland has a "calcium layer". The roots of the trees cannot penetrate the soil at all, and the texture is very hard. Grassland is due to the lack of moisture in the soil and atmospheric precipitation, which leads to serious soil desertification. The water evaporates extremely fast on the grassland. However, the large trees have high requirements for water sources. The roots do not have enough water to support the trees, and the desert soil is not good for large trees to take root. So even if there are trees growing in the desert, they are trees with a well-developed root system and narrow leaves or even no leaves, such as bushes.

Arbors are generally taller, with large stems and deep roots, and their roots grow vertically, while the grassland soil layer is only about 20 cm. Because the soil layer is shallow, even if the rainfall is sufficient, the soil layer is still low in water content, while the grassland area has little annual rainfall, little rain and drought, coupled with the fickle climate on the grassland, the water evaporates quite quickly, so the water in the soil layer is more likely to lose. It is not suitable for the growth of tall trees. If the trees are lucky enough to survive on the grassland, they will still be blown down in windy weather. Therefore, the soil of the grassland does not support the survival of arbor plants. The soil on the grassland is very hard. The grassland contains a calcareous layer. This layer of soil is very hard and the roots of big trees cannot reach into the soil. This is why there are no big trees on the grassland. In addition, the climate of the grassland is volatile. Winter is not only cold but also long. In summer, although precipitation increases, the overall climate of the grassland is irregular, and droughts occur from time to time, so even if there are trees, they will die from drought. There are no trees on the prairie, which is also related to its temperature. The temperature on the grassland is relatively high, but the precipitation is not high. Generally speaking, the temperature of a place is directly proportional to the precipitation, that is, when the temperature is high and the precipitation is high, or the temperature is low and the precipitation is low, the trees can survive. However, the conditions on the grassland cannot satisfy the growth conditions of trees, so trees cannot survive on the grassland.

XI. Desert

One of the conditions for the formation of deserts is an arid climate. When you open a map of the world, you will find that most of the areas with deserts are between the Tropic of Cancer and the Tropic of Capricorn. The location between the Tropic of Capricorn and the Tropic of Capricorn is where the sun can shine directly during the year, so the temperature of the desert is higher compared to other places. When the temperature is high, the water in the soil evaporates faster and eventually the soil turns into dry sand gradually. Moreover, the scarce precipitation is also the main reason for the formation of deserts. Those areas, which are not nourished by rain, are baked by the sun all day long, slowly turning into deserts. When we see deserts on TV, we can't help but marvel at the grandeur of the untouched landscape. This is due to the sand being carried by the wind. The wind in the desert area is very strong. After blowing away the sand on the ground, many sand dunes pile up when the wind weakens or encounters obstacles, which cover the ground and eventually form a desert. Therefore, the surface of the desert will change into different forms as the wind blows. One third of the earth's land is desert. The deserts formed by climatic factors are concentrated in the $15°$ -$35°$ north-south latitude. They are concentrated in central Asia and the western United States.

So how were deserts formed, they exist in all the continental plates of the Earth, but where did they come from? Why is it in its present position again? The formation of deserts is mainly influenced by climatic conditions and geographical location. Most of the world's desert areas are located on both sides of the equator. There the air sinks from an altitude of about 10 km, causing the air pressure to rise and the temperature to rise, and areas that were previously dry and hot will become even drier and hotter. Dry winds mean less cloud cover, more light, and limited precipitation, which favors desert formation. Deserts are also created when rain shadow areas (less precipitation on the leeward side of the mountain) are formed. The Patagonian Desert in South America is an example. Here, the humid air of the Pacific

Ocean blows to the mainland, but the presence of mountains makes the air rise, the temperature drops, and the moisture in the air rains. The wind shifts to the back of the mountain, the air sinks again and the temperature rises. There is very little moisture in the air at this time. An area with less than 250 mm of precipitation per year is a desert. If an area has low rainfall for a long time, most of the vegetation in that area will die out. The reduction of the vegetation community will expose the soil, causing it to dry out. Eventually the dry soil is blown away by the wind, and rocks, stones and gravel are exposed, and eventually the stones are weathered and gradually become sand, which is the desertification of the land. According to the data provided by the United Nations, about 70,000 square kilometers of land around the world turns into desert every year. This is partly due to natural climate changes and partly due to man-made global warming and soil erosion. In the Sahel (which separates northern Sahara desert from humid southern Africa) people prevent desertification by planting green shrubs, trees and plants.

How does land become desert and what substances does soil have more than desert? Desert and desertification land desert is a kind of landform, its cause is formed under many complex factors such as climatic conditions and geological activities, for example, the deserts in China are basically formed in various periods of the Quaternary period, with a very large time span, their expansion and contraction are influenced by climate, they contract when it is wet and expand when it is dry. It is distributed in the arid zone, it has a vast area and complex geomorphology. Deserted land emerged from the human historical period, caused by human unreasonable exploitation, with a very small time span, especially in the last 100 years. Its expansion and contraction are greatly influenced by the intensity of human development, so its distribution is not limited to arid areas, but there is also desertification in humid areas, for example, there are nearly 90,000 mu of desertified land in Hainan Province. The area of desertified land is relatively small and the landform type is simple. Therefore, deserts do not need to be eradicated, nor can they be eradicated. Deserts also have their very important environmental value, as they provide rich nutrients for the downwind, such as our Loess Plateau. Of course, for the safety and convenience of human life around the desert, there is nothing wrong to impose targeted restrictions on the expansion of the desert. Of course, the focus is on desertification. Back to the original poster's question: Desertification is caused by unreasonable human use, which is reflected in three aspects: 1) excessive reclamation 2) excessive grazing 3) excessive woodcutting The specific logic is: Reclamation will break the vegetation, litter, crust, etc. that play a protective role on the soil surface, and the exposed soil will quickly dry out under the action of the sun and monsoon, the original aggregate structure will be destroyed, and the effect of adhesion will be lost , Fine particles and other nutrients will be taken away by wind or precipitation, and the non-nutritive coarse particles will remain and form desertification. Grazing is mainly reflected in the destruction of ground vegetation by livestock and the destruction of ground crusts by trampling. Wood mainly leads to the decline of vegetation diversity and the weakening of wind erosion resistance. The difference between desertified land and good-textured soil is simply: 1. Simpler soil profile levels 2. Less aggregate structure 3. Less organic matter 4. Less organisms (microbes, insects, small animals, etc.)) To sum up: 1. Deserts are formed by natural factors, and area changes are mainly affected by climate and are part of the earth's natural environment. 2. Desertification is the land degradation caused by unreasonable human economic behavior. It is the amplification process of human activities under implicit desertification conditions, and it is mainly changed by changes in the intensity of human disturbance. Desertification is also one of the most serious environmental problems in China.

Is the desert formed naturally or man-made? The formation of deserts is divided into natural causes and man-made causes. Man-made causes such as the Loess Plateau and the Mu Us Desert to the north are currently believed to be the large-scale destruction of vegetation led by human factors in the historical period. The natural climatic conditions in these places have finally led to the expansion of the desert or desert or loess (sand). Based on this, our country has been returning farmland to forests and grasslands throughout the country starting from 1999, particularly on the Loess Plateau. So far, the effect of governance has been obvious, vegetation has increased, and soil and water conservation has been improving. As for the deserts formed by natural causes, such as the Taklimakan Desert in the mainland of China, which is caused by the difference in the zonation of the sea and the land and the topographical conditions, the precipitation is scarce all the year round; such as the Sahara Desert in Africa, this is due to the climate. Controlled by the subtropical high pressure, the airflow is sinking, high temperature and less rain; the second is that the terrain conditions (the eastern Ethiopian plateau) block humid water vapor, and it is difficult to form precipitation in the inland areas; in addition, there are deserts in some areas, which are obviously close to the sea, but they are also Deserts (commonly known as coastal deserts), which are affected by the subtropical high climate, topography and ocean currents (specifically cold currents, which have the effect of cooling and drying), such as the Ataka Desert in Chile, the Namib Desert in Africa, and Sono on the West Coast of the United States Orchid Desert, generally this kind of desert is easy to form on the west coast of the mainland. To summarize: the leading factors of desert formation are climate and topography, such as Taklamakan Desert, Sahara Desert and coastal desert; a combination of human factors and climate and topography factors, such as the Yellow Sandy Mu Us Desert near the Loess Plateau; As for the deserts in China, such as Alashan, Kubuqi, and Sehanba, you can analyze them by yourself. Knowing the basic causes of desert formation, the topic is how the deserts in China are formed? And if it is formed naturally, can it be changed by planting trees? It is definitely difficult to manage deserts, as they are harsh environments where no grass grows, how easy is it to manage them? If this kind of desert is caused by a large number of man-made cutting down a lot of trees or reclamation of grassland, then some of it should be able to recover by comprehensive improvement in a long time. If it is to control natural-caused deserts, such as coastal deserts and inland deserts, it is impossible. Finally, the existence of natural deserts has its own rationality, and it has an effect on climate regulation. Don't always think about destroying the desert, that is wrong.

XII. Glacier

Glacier is a form of water, which is transformed from snow through a series of changes. To form a glacier, there must be a certain amount of solid precipitation, including snow, fog, hail, etc. If there is not enough solid precipitation as raw material, it is the same as cooking without rice, and no glacier can be formed at all. Glaciers exist in extremely cold places. The Antarctic and Arctic on the earth are cold all year round. In other regions, glaciers can only be formed on high-altitude mountains. People know that the higher the altitude, the lower the temperature. When the altitude exceeds a certain altitude, the temperature will drop below zero, and the solid precipitation can happen all year round. This altitude is called the snow line by glaciologists. On Greenland in the Antarctic and Arctic Circle, glaciers are formed on a continent, so they are called continental glaciers. In other regions, glaciers can only be formed on high mountains, so this kind of glacier is called mountain glacier. In high mountains, glaciers can develop, in addition to a certain altitude, the high mountains which are not too steep are also required. If the mountain peaks are too steep, the falling snow will fall down the slope, and there will be no glaciers. Snowflakes will change as soon as they fall on the ground. With changes of external conditions and time, the snowflakes will become spherical snow that completely loses the crystal characteristics. This is called granular snow. This kind of snow is the raw material of glaciers.

After the snow pack becomes snow grains, as time goes by, the hardness of the snow grains and the compactness between them continue to increase. The large and small snow grains squeeze each other and are tightly inlaid together, and the pores between them continue to shrink. It disappears, the brightness and transparency of the snow layer are gradually weakened, and some air is also enclosed in it. When the density of grain snow reaches 0.5 g to 0.6 g per centimeter, the melting process of grain snow becomes slow. Under the action of their own weight, the snow particles are further compacted or infiltrated by meltwater and then are frozen, their size and shape are changed, and directional growth occurs. When their density reaches 0.84 grams per centimeter, the air permeability and water permeability between the crystal grains are lost, thus forming glacier ice. The glacier ice is milky white when it is first formed. After a long period of time, the glacier ice has become denser and harder, and the bubbles inside gradually decrease, slowly turning into blue crystal-like glacial ice. The glacier ice slowly flows down the mountain slope under the action of gravity, and is gradually solidified to form a glacier.

Why does the glacier look blue? There are a large number of glaciers in cold polar regions or high-altitude regions. These glaciers are like piles of huge blue crystals, very beautiful. The same is with ice. Why is the ice we often see is white while the glacier is blue? Here we need to go back to the formation process of glaciers. The ice we usually see is formed by condensation of liquid water cooled to below 0 ° C, and it often contains small bubbles. As a result, the incident light will be reflected at the ice-bubble interface, and the grain boundaries between ice crystal grains will also be reflected. So the ice appears white. Although glaciers are also ice, they are not condensed by falling rain, but formed by snowflakes. In polar regions and high-altitude regions, the cold climate makes it difficult to melt the snowflakes that fall on the ground, so that the snow on the ground will accumulate more and more. The final result is that the newly fallen snow covers the previous snow, and the pressure is increasing, and the originally loose snow will be gradually compacted and become snow grains. The snow at the bottom will become harder and denser, which forms ice. During this process, part of the air existing between the loose snow will be squeezed out, and part of it will be enclosed in the finally formed glacier, forming very small bubbles. In other words, the glacier at the beginning of its formation has not changed color, and it is white like the ice we see in daily life. But after a period of time, more and more snow will press on it, making it further compacted, and the pores in between will shrink and become tighter. In other words, it became a perfect ice crystal. The overall absorption of water molecules in the visible light band is very weak, and it appears to be transparent. But its absorption of red light exceeds that of blue light, and this absorption is caused by the vibration of the O-H bond in water molecules. Therefore, when light passes through very pure water or ice, more red light is absorbed. When the water body and ice layer are thick, it takes on a mesmerizing blue color. The color of the glacier is often thought to be related to the Rayleigh scattering that produces the blue sky. The intensity of Rayleigh scattering is inversely proportional to the 4th power of the wavelength, which is suitable for tiny particles whose size is much smaller than (<1/10) the wavelength of visible light. The wavelength of visible light is 400-800 nanometers, that is to say, only when the diameter of the particles is less than 40-80 nanometers, the Rayleigh scattering can be formed more obviously. The cause of the blue sky is the Rayleigh scattering caused by the density fluctuations caused by molecules such as nitrogen and oxygen in the air and their irregular movements. Water molecules will also have Rayleigh scattering, but when only the scattering effect is considered, the remaining direct red light in the visible spectrum (similar to the direct sunlight in the sky) will still enter our eyes.

Therefore, the absorption of red light by water molecules is the main cause of the glacier's color.

I think that the cause of glaciers is that the Earth's ice age is a global temperature drop. The most important source of earth's heat is the sun. Only changes in solar radiant heat can lead to significant changes in the earth's temperature, and there are periodic changes in the sun's rotation speed. The change of rotation speed causes the change of solar radiant heat. The rotation of celestial bodies is passive. The speed of celestial body rotation depends on the rate of change of the ether movement speed in the area where the celestial body is located. The faster the rate of change, the faster the celestial body's rotation. The slower the rate of change, the slower the celestial body's rotation. This pressure change determines the intensity of the nuclear fusion inside the sun. The speed of the sun's rotation and the heat radiated by the sun should be continuously changing, but there is a sudden change in the amount of heat radiated. When the rotation speed is in a certain interval, the pressure inside the sun can fuse to form a large amount of heat. Because the main elements formed by fusion are different under different pressures, the energy of solar radiation is different in different rotation speed intervals. When the sun's rotation speed gradually decreases, the internal pressure decreases and the main elements formed by fusion change. Then the energy of solar radiation will decrease sharply. At this time, corresponding to the earth, the total energy received by the sun decreases, and the temperature will drop significantly, thus forming Different ice ages, big and small. Of course, conversely, as the sun's rotation speed increases, the radiation energy will also suddenly increase, correspondingly, the earth's temperature will also increase rapidly.

The period of the Earth's ice age is essentially due to the fact that during the sun's revolution, under the combined influence of different centers of revolution, the rotation speed will periodically change; this periodic change in the rotation speed leads to changes in the internal pressure of the sun, which affects the interior of the sun. The intensity of the fusion reaction affects the change in solar radiation heat; the change in solar radiation heat leads to changes in the earth's climate; when the solar heat radiation decreases, the earth will enter the ice age.

This article is for reference only, if there is anything wrong, please correct me!

Reference.

[1] Cosmic Wonders: Galactic Collisions [J]. Li, Liang. Astronomy Enthusiast. 1994(02)

[2] Scientists talk about important directions of astronomy: The evolution of galaxies[J]. Li Cheng. Science Observation. 2020(02)

[3] Advances in the study of the formation of molecular gas and stars in galaxies[J]. Gao Yang,Xiao Ting. Advances in Astronomy. 2020(02)

[4] The wall of galaxies beyond the Milky Way [J]. Xia Bing. World Science. 2020(10)

[5] The life and breath of galaxies [J]. Qiao Q, Ann Finkbeiner. World Science. 2019(10)

[6] Sharp decline in the number of galaxies at 3 billion light years away [J]. Zhang, Orange-Hua. Physics Teacher. 2001(01)

[7] Theoretical and observational research on the orientation of galaxies in space[J]. Kangxi, Wang Peng, Luo Yu, Xia Qianli, Pan Xingxing. Science in China: Physics Mechanics Astronomy. 2017(04)

[8] The dependence of the dynamical state of satellite galaxies on galaxy properties[J]. Pei Yuan, Wang Huiyuan. Astronomical Journal. 2017(03)

[9] the farthest so far, 13.2 billion light-year galaxies "appears" [J]. Metallurgical Corporate Culture. 2017(04)

[10] How to Discover Dark Galaxies [J]. Gao Lingyun. Modern Physics Knowledge. 2016(03)

[11] To explore the universe with Tianyan, can mankind find alien civilizations [J]. Qian Lei. Science. 2019(Z1)

[12] China is building the world's largest 500-meter spherical radio telescope in Guizhou [J]. China Radio. 2016(07)

[13] Pity, the "American Eye" has finally become history; hope, China's weapon to open up the future [J]. Qiao Qi. World Science. 2021(03)

[14] A major event in biological evolution - the origin of land plants and new advances in their study [J]. Li, Cheng-Sen. China Science Foundation. 1994(04)

[15] How land plants occur [J]. Chen Fudong. Journal of Plants. 1981(04)

[16] The growth status of global terrestrial plants [J]. Chang Lijun. Science Today. 2011(20)

[17] An estimating method for evaluating the utilization prospect of terrestrial plant resources-Taking Zhejiang medicinal ferns as an example [J]. Zhang Chaofang. Journal of Plant Ecology and Geobotany Series. 1984(03)

[18] Construction of a working platform for the study of the phylogeny of terrestrial plant phylogeny[J]. Meng Zhen, Chen Zhiduan, Li Jianhui, Liu Hongmei, He Xing, Lin Xiaoguang, Zhang Shouzhou, Li Yong, Hu Lianglin, Zhou Yuanchun. Computer

Engineering. 2010(20)

[19] The ancestors of land plants [J]. Wang, Kaiji. Biology Bulletin. 1993(01)

[20] Freshwater environments - the cradle of terrestrial plants [J]. Sun H,Li C-M. Botanical Bulletin. 1990(02)

[8] Advances in the study of the life styles of terrestrial plant communities[J]. Liu Shoujiang, Su Zhixian, Zhang Jingxia, Hu Jingyao. Journal of Sichuan Normal University (Natural Science Edition). 2003(02)

[21] Exploring the oldest land plants [J]. Andi. Zhejiang Forestry. 2002(06)

[22] Chinese scientists discovered the "transgenic" process of plant ancestors under terrestrialization [J]. Agricultural Science and Technology and Information. 2020(12)

[23] Rubisco and carbon-concentrating mechanism co-evolution across chlorophyte and streptophyte green algae. [J]. Goudet Myriam M M,Orr Douglas J, Melkonian Michael, Müller Karin H, Meyer Moritz T, Carmo-Silva Elizabete, Griffiths Howard. The New phytologist . 2020 (3)

[24] How Plants Conquered Land[J] . Stefan A. Rensing. Cell. 2020 (5)

[25] The Penium margaritaceum Genome: Hallmarks of the Origins of Land Plants[J] . Jiao Chen, Sorensen Iben, Sun Xuepeng, Sun Honghe, Behar Hila, Alseekh Saleh, Philippe Glenn, Palacio

Lopez Kattia, Sun Li, Reed Reagan, Jeon Susan, Kiyonami Reiko, Zhang Sheng, Fernie Alisdair R.,Brumer Harry, Domozych David S., Fei Zhangjun, Rose Jocelyn K.C. Cell. 2020 (prep)

[26] Genomes of early-diverging streptophyte algae shed light on plant terrestrialization. [J]. Wang Sibo, Li Linzhou,Li Haoyuan,Sahu Sunil Kumar,Wang Hongli, Xu Yan, Xian Wenfei, Song Bo, Liang Hongping, Cheng Shifeng, Chang Yue, Song Yue, Cebi Zehra, Wittek Sebastian, Reder Tanja, Peterson Morten, Yang Huanming, Wang Jian, Melkonian Barbara, Van de Peer Yves, Xu Xun, Wong Gane Ka-Shu, Melkonian Michael, Liu Huan, Liu Xin. Nature plants. 2020 (2)

[27] The Origin of Land Plants Is Rooted in Two Bursts of Genomic Novelty[J]. Alexander M.C. Bowles, Ulrike Bechtold, Jordi Paps. Current Biology. 2020 (3)

[28] Tracking the evolutionary innovations of plant terrestrialization[J]. Jian-Guo Gao. Gene. 2020 (prep)

[29] Genomes of Subaerial Zygnematophyceae Provide Insights into Land Plant Evolution [J]. Shifeng Cheng, Wenfei Xian, Yuan Fu, Birger Marin, Jean Keller, Tian Wu, Wenjing Sun, Xiuli Li, Yan Xu, Yu Zhang, Sebastian Wittek, Tanja Reder, Gerd Günther, Andrey Gontcharov, Sibo Wang, Linzhou Li, Xin Liu, Jian Wang, Huanming Yang, Xun Xu, Pierre-Marc Delaux, Barbara Melkonian, Gane Ka-Shu Wong, Michael Melkonian. Cell. 2019 (5)

[30] The Chara Genome: Secondary Complexity and Implications for Plant Terrestrialization[J]. Tomoaki Nishiyama, Hidetoshi

Sakayama, Jan de Vries, Henrik Buschmann, Denis Saint-Marcoux, Kristian K. Ullrich, Fabian B. Haas,Lisa Vanderstraeten, Dirk Becker, Daniel Lang, Stanislav Vosolsobě, Stephane Rombauts, Per K.I. Wilhelmsson, Philipp Janitza, Ramona Kern, Alexander Heyl, Florian Rümpler, Luz Irina A. Calderón Villalobos, John M. Clay, Roman Skokan,Atsushi Toyoda, Yutaka Suzuki, Hiroshi Kagoshima, Elio Schijlen, Navindra Tajeshwar, Bruno Catarino, Alexander J. Hetherington, Assia Saltykova, Clem. Cell. 2018 (2)

[31] Plastid phylogenomic analysis of green plants: A billion years of evolutionary history. [J]. Gitzendanner Matthew A, Soltis Pamela S, Wong Gane K-S, Ruhfel Brad R, Soltis Douglas E. American journal of botany. 2018 (3)

[32] The Physcomitrella patens chromosome-scale assembly reveals moss genome structure and evolution. [J]. Lang Daniel, Ullrich Kristian K, Murat Florent, Fuchs Jorg, Jenkins Jerry, Haas Fabian B, Piednoel Mathieu, Gundlach Heidrun, Van Bel Michiel, Meyberg Rabea, Vives Cristina, Morata Jordi, Symeonidi Aikaterini, Hiss Manuel, Muchero Wellington, Kamisugi Yasuko, Saleh Omar, Blanc Guillaume, Decker Eva L, van Gessel Nico,Grimwood Jane, Hayes Richard D, Graham Sean W, Gunter Lee E, McDaniel Stuart F, Hoernstein Sebastian N W, Larsson Anders,Li Fay-Wei, Perroud Pierre-Fran?ois, Phillips Jeremy, Ranjan Priya, Ro. The Plant journal: for cell and molecular biology. 2018 (3)